见　　证
规划成长

北京建筑大学
城乡规划专业
办学 20 周年

荣玥芳◎等　著

中国建筑工业出版社

编 委 会

序

北京建筑大学是北京市市属唯一建筑类高校，是北京市与住房和城乡建设部共建高校，是一所具有鲜明建筑特色、以工科为主的多科性大学，是"北京城市规划、建设、管理的人才培养基地和科技服务基地"及"国家建筑遗产保护研究和人才培养基地"。北京建筑大学 1907 年建校，发展至今，始终以服务首都城乡建设发展为使命，为北京城市规划建设和管理领域培养了大批优秀人才，构建了从学士、硕士、博士到博士后，从全日制本科教育、研究生教育到成人教育、留学生教育，全方位、多层次的人才培养体系。2020 年 9 月，北京市委书记蔡奇来北京建筑大学调研时指出："北京建筑大学是培养未来规划师、设计师、建筑师的摇篮"。

北京建筑大学城乡规划专业 2001 年开始招生。经过 21 年持续建设，北京建筑大学城乡规划专业在学科专业发展以及人才培养上都有长足的进步与发展。在 2017 年全国第四轮学科评估中被评为 B-，在 2019 年本科生教育评估及 2021 年研究生教育评估中均获评优秀等级，并且在 2021 年获批国家一流专业。

目前北京建筑大学城乡规划专业人才培养在城乡规划专业教学指导委员会相关培养框架的基础上，逐渐形成了自身的教学与人才培养特色，重点是在城市与区域规划、历史城市保护规划、城市设计、乡村规划、小城镇特色规划等形成特色研究方向。北京建筑大学历年培养的城乡规划专业毕业生就业单位主要是国内优秀的专业设计机构及管理单位，如中国城市规划设计研究院、北京市城市规划设计研究院、北京清华同衡城市规划设计有限公司、中国建筑设计研究院等。为国家输送了一大批优秀的规划专业人才，为立足北京、面向全国培养城乡规划、建设与管理人才作出了积极的贡献。

张大玉校长

2022 年 10 月 16 日

前　言

本书的缘起是纪念北京建筑大学城乡规划专业办学 20 周年，原计划 2021 年出版，史无前例的疫情使得我们的一切都进入暂停状态，毫无例外地也耽误了专业周年庆系列活动的节奏与计划。此书是《见证规划——规划师访谈录》的后续，继承了该书采取的青年学子访谈的形式，学生通过与受访者的交流，全面了解学校城乡规划专业的发展与进步，并记录下学校在专业人才培养方面的点点滴滴。

笔者组织 32 名同学分 4 组进行访谈活动。学生包括来自建筑与城市规划学院 30 名城乡规划规划专业硕士研究生以及 2 名博士研究生。老师组织同学们通过模拟、互问等多种形式、反复推敲并最终拟定了采访提纲；笔者综合考虑学校城乡规划专业从成立到专业建设与发展过程亲历者，以及在校与城乡规划专业教学工作相关的其他专业教师等因素拟定被采访教师名单，并找到历届毕业校友代表列为被采访者名单，如此让学生们了解我校城乡规划专业的过去、现在及未来。采访名单中具体包括：退休教师、在校教师、校外导师、相关专业教师；以及历届本科、硕士研究生校友，校内同学。访谈内容会根据采访对象的不同进行相应调整。

通过访谈，同学们加深了对我校城乡规划专业的发展历史及人才培养历程的了解，深刻体会到北京建筑大学城乡规划专业的成长与国家经济社会发展需求变化紧密相连，见证了我国城乡规划体系变迁。

一直以来，学校紧紧围绕立足北京、服务北京、面向全国培养城乡规划专业人才，不断探索城乡规划专业专门特色型人才培养之道。

荣玥芳

2022 年 10 月 16 日

目 录

序
前言

第一部分　北京建筑大学教师采访

第二部分　北京建筑大学校友采访

第三部分　北京建筑大学在校学生采访

第四部分　城乡规划专业 2021 级硕士研究生采访感想

第一部分

北京建筑大学教师采访

一、退休教师

姜中光

采访日期：2021 年 10 月 20 日
受 访 者：姜中光（以下称受访者）
采 访 者：宋健（以下称采访者）

个人简介：姜中光，男，1937 年出生，教授、国家一级注册建筑师，1962 年毕业于清华大学建筑系。现任北京建筑大学（以下简称"北建大"）城市研究所总规划师，北京市城市规划学会常务理事，北京土木建筑学会北京建筑师学会理事。先后从事工作有：建设部建筑科学研究院从事国外建筑历史与理论研究；湖北省"三线"建设新城市的城市规划与园林设计工作；建设部六局、国家建委一局从事居住区与公共建筑设计工作；从事中国建筑总公司海外部国外建筑项目设计工作；在北京建筑大学建筑系从事建筑设计与建筑历史理论教学工作以及开发区、旅游区、城市设计等规划设计工作；现于北建大城市研究所从事建筑设计、城市设计、文化遗产保护规划与设计研究。

采访者： 您的求学经历对您之后的职业生涯产生了哪些影响呢？

受访者： 我 1956 年高中毕业于青岛，过去是一个外国人办的学校，中华人民共和国成立后学校改名为山东省第九中学。当时有一个同学跟我说，你喜欢美术，考建筑不错，又有艺术，又有技术，当时也没多想，就报了清华大学的建筑工程系，当时梁思成先生是系主任。那时建筑工程系的课程设置就已经非常全面了，从美术基础课程到画法几何再到三大力学都有涉及。在大四阶段还开设了城市规划与设计的相关课程，吴良镛先生给我们讲城市史，此外我印象非常深刻的是当时设置了植物学的课程，这些都为我以后的工作和研究夯实了专业基础。课余时间学校有丰富的实习实践机会，让我在上学期间就了解到一个建筑从设计到建成的全过程，理论联系实际，这对我来说是十分重要的。

采访者： 姜老师，几十年漫长的从业道路中，最初几年的专业学习对您来说意味着什么呢？

受访者： 就像我刚刚讲的，清华大学的传统第一是重视基本功，低年级阶段打好基础，就像盖房子之前要打地基一样。第二个是专业学习阶梯性，就是基本功打好了以后开始学习专业基础，比如结构、材料构造等等。再一个层面就是专业课，专业课又是两部分，包括本身相关的专业，例如高级混凝土结构，这样一来结构观念就有了。现在回过头来想想，这个过程是在提高一个人的综合能力，不是说把每个原理都倒背如流，而是通过训练积累素养，哪怕遇到新知识新问题，也能想出解决问题的办法。

采访者： 在您的求学阶段，您最大的困惑是什么？您又是如何解决的呢？

受访者： 最大的困惑对我来说并不是专业学习，而是物质条件的限制。那时候条件和现在相比差了很多，我当时几乎每天都去图书馆抄图，把看到的好的建筑作品都画下来，这极大提高了我的手绘能力。除此之外，就是坚持养成良好的作息，我几乎从不熬夜，白天积极参加各种文体活动，这样规律化的生活作息也是我到现在都不怎么生病的重要前提。

采访者： 读书时期、做设计阶段、当大学教授，您更喜欢哪个阶段？

受访者： 应当说，人生各有不同，也有人一辈子就干一件事，我觉得不同阶段有不同的收获。人生有很多机遇是可遇不可求的，所以我们也应当享受每一段旅程。

采访者： 您在北建大从事教学工作的这些年来，令您印象最深的一件事是什么？

受访者： 印象最深的应当是做专业评估，当时每天几乎都在为专业评估四处奔波，招聘老师，为老师们解决户口，创办建筑物理实验室、模型室等等。评估期间专家给了我们非常高的评价，特别是当我们拿出几百张手绘图纸来，外国专家都大吃一惊，惊讶我们的手绘方案能力，最终评估一次性通过。这也为我们学校博士点的申办打下了良好的基础。

采访者： 您对北建大规划专业及学科的未来发展有什么期待或者建议呢？

受访者： 建议就是跟上时代、跟上国家的发展。现在社会各方面都在进步，许多新生事物出现，我们应该要保持敏感性，有什么新的出现，尽量去结合，不了解就要设立课题去研究。第二个建议就是要抓住特色，包括我们学校更名大学、文化遗产保护，都是学校的特色，要抓住这个特色。所以我觉得规划要发展的话，就是要紧跟着时代要敏感一点，看到发展看到新鲜的东西，哪怕是一个苗头也要抓住。

采访者： 结合您自己专业学习的经历，您对规划专业的同学在本科生和研究生学习阶段有什么建议和要求呢？

受访者： 这两个阶段还不太一样，本科生，我觉得就是打基础，掌握基本的专业知识。研究生是要在某一个方面深入一点、深化一点，所以研究生的选题就很重要。

采访者： 在北建大城乡规划专业办学 20 周年之际，您有什么寄语想对规划专业的师生说吗？

受访者： 希望所有的教师和同学都努力，把我们规划学院办出点特色，为首都发展贡献力量。其次就是三人行必有我师焉，千万不能自大，千万不能自满，虚心学习，努力做好自己。

冯 丽

采访日期：2021 年 11 月 26 日

受 访 者：冯丽（以下称受访者）

采 访 者：张彩阳、吕虎臣、王鹭（以下称采访者）

个人简介：冯丽，北京城市规划学会理事，中国建筑学会会员。硕士研究生导师。主持完成世界、国家自然文化遗产规划及研究项目七项。主要获奖作品（主持或第一设计人）：沈阳市环城水系及环城绿化规划，获国家银质奖建设部一等奖；辽宁黑山县城中心区规划设计，获省级二等奖；沈阳市工业开发区规划设计，获省级一等奖；丰都中心试点小区规划，获住房和城乡建设部国家第四批试点小区称号；北京市南三环路地区城市设计研究，获首规委北京城乡规划学会城市设计奖；北京试点中心镇温泉镇规划与设计，获首都城市建设规划二等奖等多项国家省部级科研、工程奖。

采访者：您是我校城乡规划系的创办者之一，为城乡规划系作出了重要贡献。回顾建系过程，当中有哪些令您印象深刻的事情？是否遇到过困难，是如何解决的？

受访者：城乡规划系建立的过程实际上是很顺利的，没有太多坎坷。为什么说顺利呢？学院起初创办的是建筑系。听前辈们讲在 1980 年申请开办专业的时候，许多知名专家学者云集到学院，其中亦有梁思成先生的弟子，还有好几位大师级人物，可谓实力雄厚。他们起初想创办城市规划专业，但送审没有批下来，于是先开办大家熟知的建筑学专业。因此 2001 年再办城市规划专业就顺理成章、水到渠成了。建筑学办学将近 20 年，基础坚实，大家已意识到快速城市化对规划人才的需求。在学校建筑系各级领导的积极努力下创办了规划专业。创办之初主要由戎安老师、我和孙立老师三位来承担教学任务（这个时期老的一批专家教授已经退休）。我接受戎安老师（当时规划负责人）布置的任务起草教学大纲，主要参考上海同济大学和西安建筑科技大学，根据建筑系已有的优势和特点，参考国外经验编写自己的大纲。我最初的想法是把规划专业办成一个有特色的、为首都服务的专业性学科，着重于北京地区。北京几千万人口和首都的特性，足够我们开展丰富的教学内容、实践活动和研究课题。

采访者：您对北建大有哪些印象深刻的地方？

受访者：给我留下印象最深的就是当时建筑系底蕴丰厚的老先生们。我经常去听他们的课，和先生们聊天，得知他们有的当过右派、建筑工人……受过很多苦，现在倾尽所有地想把知识都传授给我们。老先生们知识结构完整，讲课特色极其鲜明，内容生动丰富，深受学生们的欢迎。尤其是他们严谨的治学态度，是一种文化的积淀与传承，我受益良多。

采访者：您认为北建大的规划专业有哪些特色和优势？

受访者：主要特色是城市保护与更新。这也是我们整个建筑学院的传统特色，面向古都，历史文化课题繁多、实践活动也多，师生们曾多次获奖。主要优势是北京的地域优势。在首都社会经济发展、自然环境治理等前提下，可以深入探索研究人口土地、空间环境、产业交通等诸多方面的课题。

采访者：在您的教学过程中，是否有过迷茫、困惑或者开心与乐趣？迷

茫和困惑的解决办法是什么？

受访者： 教学过程中我没有太多迷茫与困惑，首先，城市规划对我来说是比较擅长的专业；一方面我对历史文化、自然地理包括宗教等都很有兴趣，这有助于开展城市规划工程的研究与教学；另一方面我喜欢设计，指导学生时因势利导在同一地块做出多种不同的方案很开心。再有，教学中非常重要的是"功夫在画外"。我年轻时就到处跑，去过国内外很多地方，常常带着任务和主题。这样讲课时可以有的放矢，旁征博引。

采访者： 您对北建大规划专业的人才培养未来有什么期待或建议？

受访者： 在人才培养上，我们不仅要注重工程设计还需要渗透文科知识的教学，包括国家政策、法律、历史、地理、经济、文化学、社会学等，我的理解"城市规划是理工科中的文科专业"，因为城市的第一特征是人口的集聚。此外，建议开设新科技新技术的课程或讲座。因为它们影响生活方式，而城市空间形态取决于生活方式的改变。再者，要充分利用北京的资源优势，建议与北京各大设计院建立诉求等同、预期有效的合作，使学生学到真本领。

采访者： 您对城乡规划专业的新生以及在校学生有什么建议？

受访者： 对新生来讲，其一，新生的第一课——专业教育尤为重要，应请资深专业老师讲授。其二，练好基本功，也可以多去高年级班观摩学习。

对在校学生来说，第一，尽可能加入到本地的工程设计当中，在实践中学习。第二，开阔自己的眼界，利用好身边的各种资源。多去听听其他专业、其他高校的课。当年北建大给水排水专业有一位特别知名的教授。我让学生去听他的课，污染、环境问题他是专家，为什么不跟他学习？学生要想学好，就得主动去把握机会。第三，了解国策和新科技的发展动态。多关心国家的发展战略和契机，着眼于中国本土，运用新科技新方法解决中国自己的城市问题，要学习国内外先进理论但不要盲目追赶国外潮流。

二、在校教师

张大玉

采访日期：2021 年 11 月 15 日
受 访 者：张大玉（以下称受访者）
采 访 者：张恒瑞（以下称采访者）

个人简介：张大玉，1966 年 4 月出生，汉族，山东嘉祥县人，1985 年 12 月入党，1990 年 7 月参加工作。重庆建筑大学风景园林规划与设计专业研究生毕业，工学硕士、教授。国家注册城市规划师，中国民族建筑研究会常务理事，北京土木建筑学会常务理事。曾任北京建筑工程学院教务处副处长兼招生办公室主任，科学技术与研究生工作处处长，科学研究与开发处处长，科技处处长。现任北京建筑大学党委副书记、校长。先后发表学术论文 20 余篇，主持或参与完成各类科研项目 30 余项，其中包括：国家"九五"科技攻关项目"村镇小康住宅示范小区规划设计优化研究"、国家"十五"科技攻关项目的专题"居住区室外环境设计研究"、住房和城乡建设部科研项目"西部大开发过程中宜宾市城市可持续发展战略研究"、北京"十五"社科基金项目"北京私家园林在城市建设与发展中的地位、作用及保护对策研究"等。

采访者：北建大风雨百年，在您看来北建大规划专业相对于其他院校的特色和优势有哪些？

受访者：北建大规划专业虽然办得晚，但是特色很鲜明，优势也很突出，同时取得的成绩受到了业内外各界人士的充分肯定。就北京建筑大学城乡规划专业而言，我们在小城镇规划、乡村建设等方面有很强的优势。另外，北京建筑大学的地域特色鲜明，学校建筑味十足、北京味十足，便于我们积极探索老城保护与更新，服务首都功能核心区规划与建设等等。

采访者：在您的教学过程中，您认为师生的关系如何？

受访者：我相信每一位北建大的老师与同学的关系都是非常融洽的。就我个人角度来说，首先我认为要为人师表，有些事情只有自己做到了才能要求学生。其次是严格要求，我觉得应该是做人第一专业第二。最后要培养我们同学的综合能力，所谓的综合能力，不仅仅是专业，还要有一个综合协调能力，要更多地了解社会、参与多方面的工作，还要培养大家发现问题、分析问题、解决问题的能力。通过培养学生的综合能力，希望每一位学生都能够有真正全面的发展。

采访者：作为研究生导师，您在选择学生方面有哪些具体要求？

受访者：我选择学生更多地是对学生综合素质进行考量，我希望学生有扎实的专业基本功、良好的专业素养，更希望学生能够德智体美全面发展。

采访者：您认为北建大规划专业的学生应如何更好地利用和发挥学校的地缘优势？

受访者：我们地处北京，一定要深入了解北京，要尽可能多地参与相关的实践。比如学校组织的课外活动、导师组织的项目、各个单位组织的竞赛。同学们要尽可能地走出去，真正了解人民对于美好城市生活的诉求。以责任规划师为契机，围绕着当下的一些要求比如城市更新、老旧小区改造，充分征集社区居民的意见和建议，拿出绣花功夫，实现精细化治理，让背街小巷成为环境优美、生活便捷的宜居典范。同时要充分利用北京的优势，尽可能多地了解有关的规划设计单位，利用空闲时间积极参与到相应的工作中。

采访者：您对即将毕业的学生在就业方面有何建议？

受访者：同学们要对自身有清晰的认知与客观的评价，明确自己的优势与特色，要有明确的职业生涯规划。在选择就业单位期间要客观地评价就业单位和就业选项。

采访者：您对规划行业或者规划专业的未来发展如何看待？

受访者：当然是很好的，拿近期"三师服务""三规行动"来说，三师排在首位的规划就是规划师。北建大规划专业作为培养未来规划师的摇篮，发展的前景是非常光明的。同时我们也知道规划专业面临着很多新的挑战，这个新的挑战体现在两个地方：第一是社会发展需求在变化，换言之城市自身的发展规律给我们的专业带来了很多新的挑战，党的十九大报告也提到了人们对日益增长的美好生活需求愈加迫切，对人居环境的美好宜居愈加向往，我们规划、建设的水平和质量与之不匹配。第二个挑战就是新技术带来的挑战，同学们要尽可能适应这种快速的技术进步和发展，要尽可能多学习、多了解相关知识。

采访者：设计院或者社会对于规划专业人才的需求，以及对毕业研究生有哪些要求？

受访者：首先要强调的是学科交叉。现在依靠单一的学科解决专业问题变得越来越困难，学科融合产生了众多的尖端前沿学科，也使我们的研究更为系统、严谨。这就要求研究生在学习本专业知识的同时，尽可能地去了解、学习相关的交叉学科。其次就是团队合作，很多科研都要依靠团队和合作。这就要求研究生要学会去团结、学会去组织。在与不同的人进行合作的过程中，逐步磨合进而形成良好的团队。在这个过程中每个人都要承担起不同的角色，有组织者也有被组织者，这两者之间怎么融合？要学会换位思考，这都是对研究生的挑战。

张 杰

采访日期：2021年11月9日
受 访 者：张杰（以下称受访者）
采 访 者：李硕（以下称采访者）

个人简介：张杰，清华大学教授、博导。全国工程勘察设计大师。北京建筑大学建筑与城市规划学院院长。长期从事历史城市、工业遗产保护利用与文化传承领域的教学、科研与实践，坚持技术创新，科技成果丰厚。注重理论总结与研究，先后发表重要相关方向学术专著多部、学术论文百余篇。

重要学术组织任职：国际古迹与遗址历史会（ICOMOS）历史村镇委员会（CIVVIH）副主席；国际古迹遗址理事会历史村镇科学委员会亚太分委会主席；中国古迹遗址保护协会历史村镇专业委员会主席；住房和城乡建设部科学技术委员会历史文化保护与传承专业委员会委员；中国建筑学会城乡建成遗产学术委员会理事会副理事长；中国城市规划学会历史文化名城规划学术委员会副主任委员；中国古迹遗址保护协会常务理事；中国城市规划学会第五届理事会理事。

主要科学技术成就和贡献：①"十一五"国家科技支撑计划子课题："传统村落保护与更新关键技术研究"（2008年1月～2011年6月）；②国家自然科学基金项目："喀什文化区聚落遗产保护与环境可持续发展研究"（2010～2013年）；③国家自然科学基金项目："作为历史景观的历史街区保护与可持续发展"（2013～2017年）。

采访者：您对于北建大的印象是什么？或者说您对于北建大规划专业未来的发展有什么看法，应该往哪个方面发展？

受访者：我觉得北建大作为全国少有的建筑类综合大学有很多非常关键的学院，这些学院为北建大的文化合作以及探索前沿问题提供了一个特别好的学术平台和环境，这也是北建大建筑学院规划系或者规划学科发展的最突出的优势，这是第一点。第二就是北建大的规划系，身处北京，当然要认真、深入、长期地来探讨京津冀的问题，尤其是北京的问题，这是我们的地缘优势，也是责无旁贷的历史使命。把第一点和第二点结合起来的话，就是我们发挥地理优势和学科综合优势，那么其发展轮廓或者前景，就是相对比较清晰的。我们应该面向京津冀，尤其是北京这样一个国民经济的主战场，与国家的重点需求联合，实实在在地对一个区域里面临的城市发展、城市治理方面的问题进行长期追踪与研究，我觉得这是我们应该关注的领域。当然在我们关注的领域做工作的同时，就可以使学科得到应有的发展，它的特色也就出来了。

采访者：您来到北建大担任院长，是出于什么样的考虑呢？

受访者：第一我非常荣幸，我一年多前在北建大和清华大学合作框架下，到建筑与城规学院来做院长，这给我提供了一个非常难得的、近距离与我们学院老师共事的机会，以及与学校内其他相关专业和更广泛的专业合作的机会，尤其是大家合力聚焦北京的一些问题。我希望在我个人专长的领域，促进北建大建筑学院在京津冀区域的发展，包括城市规划还有景观园林以及相关的设计学科，能够把我们学院的工作往前推进，尤其是在科研和人才培养方面，对于我来说既是挑战，也是一个令人非常兴奋的工作。

采访者：您在第一个问题当中也提到了，北建大应该更好地发挥学校在北京的优势，您认为作为北建大的学生应该如何发挥这样的优势？

受访者：我觉得无论是北京的生源还是全国其他各地的生源，到了北建大，应该非常明显地感受到，尤其是我们建筑学院，拥有身处北京核心地区的机会，在今天国家发展的这个阶段，尤其是城市更新、文化自信这样一个阶段，大家应该能感受到我们有最好的地缘条件来接触一些前沿的问题，为国家和学科作贡献。我们见到周边有很多学科领头羊的科研单位，北建大的同学近水楼台，能接触到这些重要的单位和先进的成果，以及院士、大师和著名的建筑师。大家可能也注意到了，在北建大会接触很多有影响的行当、有影响的设计师、政府管理部门非常资深的技术人员或者专家等，所有这些都为同学们提供了非常好的学习环境，也给大家提供了很多启发性的教学内容。我觉得当代的大学知识传播很重要，但是这些知识不再是课本上的，因为同学们可以借助各种媒介来接受所谓课本上的知识，更重要的是这些在前沿实践的专家学者将他们的思考带到学校里。同学们对这些知识的接触是一个鲜活的状态，这都是非常难得的机会。2020年9月，我们安排三规进课堂，不再是照本宣科，而是由在北京发展保护治理领域以及城市规划、建筑学、景观设计等广义学科最前沿的专家们来讲，大家毕业以后会发现在北建大这样一个平台上接触的知识完全不一样，这就是新的知识传播方式所呈现的。

采访者：您对于即将毕业的，不论是本科生、硕士生还是博士生，对他们的就业以及未来人生的规划有什么建议？

受访者：从我自己作为一个过来人或观察过一些人的角度来讲，我觉得我们既然选择了规划或者建筑学这个行业，第一兴趣非常重要，因为人这一生要为社会作出一些有益的事情，有一个有趣的人生，是非常重要的。这几点结合好了，你的生活就会有意思，所做的工作对社会就有价值，充满正能量。所以在当今社会，我们很难保证学到的知识，能够让自己以后多少年不落后，如果你可以站在这个行业比较前沿的地方，那么与专家以及同学之间相互碰撞过程中形成的一些态度和价值观，我认为更重要。就是说如果你是一个猎人的话，老师或者学校给你的不是一个猎物，让你吃完就没东西了，而是给了你一把猎枪，告诉你可以如何去打猎。所以在以后的人生中，你无论是面对广袤的草原，还是隐秘的森林，亦或是一片雪山，我觉得你都应该有自己的方法，去寻找猎物，既能保护自己，又能为更多人做有益的事情，我想这就是我要跟大家分享的。因为我们也清楚在现今产业、国家的经济形势等各方面都有变化的情况下，很难保证大家还留在传统的设计行业。当然我们希望出很多大师，但是从狭隘的知识角度来讲，在任何岗位上，你肯定都会把建筑学的修养带过去，这是第一。另外，学校能够传达的学习方法、思考的角度和价值观，我们希望这些东西能伴随大家一生，大家在此基础上的提高，既能回馈给学校和教育，又能影响社会上更多的人。

采访者：请问您对于我们规划学科以及规划行业的未来发展是如何看待的？

受访者：第一，我国正在转型，我们面临的问题是我们的居住环境、工作环境，各个方面的环境应该更上一层楼，所以我们的思维要更广阔，知识面也要更宽，一些看起来跟狭义的专业不相关的内容，也可能会成为我们高质量发展必须面对的。第二，我们面临新的国际形势，需要更多思考，怎么原创、怎么发展我们自己的学科、发展我们自己的技术来解决这些问题。第三，在高科技发展的同时，人文也是非常重要的，所以两手都要抓，既要面临今天的大数据，明天可能又是别的东西，当然未来的大数据可能变成最基本的了。所以大家对于技术一定要有一个开放的态度，技术用好了，可以给我们的人居环境、宜人城市带来更多的福音，用不好的话就会走向反向。所以我们要有人文的情怀，人类从建造村落到建造城市，从一开始就希望能更加安全舒适，人的生活尽可能地得到各方面的满足，所以我们希望未来不仅重视高科技，还应该对文化、美学以及人文有更广泛的关怀，注重科学和艺术或者说人文关怀的结合。我想以后我们这个行业，对人才的要求会更高，否则很难满足未来社会对高质量生活的需求。

采访者：您对于北建大规划专业的人才培养方面有什么期待？

受访者：我觉得我们一个是面向学生，一个是我们老师的队伍。从教育这个角度来讲的话，我们应该更多按照国家、北京市以及我们行业这三驾马车对我们的要求来培养学生，适应北京，适应全国行业的要求，所以应该说面是非常广的，既强调地方性，又面向行业的发展。另外，对于老师而言，要练"内功"，使自己的关注点更好更主动地契合京津冀的发展、国家的发展，以及行业在未来一些新的发展，使团队里的每个人各有所长，团队要有差异化的发展。另外更重要的是，我们要有合作跨界的能力。我想这样的话我们就有可能在北建大这样一个优秀的平台下作出更多的贡献，也会在一些方面变得相当突出。

金秋野

采访日期: 2021 年 12 月 1 日
受 访 者: 金秋野 (以下称受访者)
采 访 者: 张彩阳、陈尼京 (以下称采访者)

个人简介: 金秋野, 清华大学博士, 麻省理工学院 (MIT) 访问学者, 教授、博士生导师, 北京建筑大学建筑与城市规划学院常务副院长, 建筑评论研究所主持人, 学者和建筑评论家。中国建筑学会理事, 《建筑师》《城市设计》编委, 《建筑学报》特约学术主持, 北京未来城市设计高精尖创新中心理论团队 PI, 中国建筑领域重要的传统文化推动者。研究领域包括园林与传统设计语言的现代转译、当代建筑师及作品研究、复杂城市系统及其活力研究等。发表学术论文 160 余篇, 著有《尺规理想国》《异物感》《花园里的花园》等学术著作, 主持《当代中国建筑思想评论丛书》《乌有园》《中国建筑与城市评论读本》等系列出版物, 也是《光辉城市》《透明性》等近 20 部理论专著的译者。

采访者： 请谈谈您的主要研究类型与方向。

受访者： 我来北建大工作的前十年以教学为主，兼做科研，这些年逐渐开始以科研为主，上课比以前少了。前十年写了不少东西，做了不少理论，近年来主要做设计，理论就暂时先放放。我觉得这也是一个实践机会，我自己也想试试看，在学校里边做设计，到底能什么样子，大概是这样的意图。东西写多了，其实就有一些想要自己去实践的愿望，一直在评论别人，或者是讲那些好的作品到底哪儿好，自己就有点"手痒"，然后就开始着手做这些带有研究性质的设计。

采访者： 您在教学过程中印象最深刻的事情是什么？有哪些教学心得和感想？

受访者： 印象最深的是 2015 年、2016 年这两年带实验班、教低年级的设计课。这个过程中，摸索了一些自己原本想要尝试的设计问题，在建筑、规划、景观三个专业，借着低年级教学呈现。尤其是 2015 级大一在图书馆地下室的那一年，每一个题目我都认真地过，好几个都是我自己出的，然后带领大家一起探索、操作，还办了展览。大家心气儿都挺高的，也很愉快。2016 级我们也花了不少时间和精力。后来我就出国了，回国之后工作性质有所改变，离教学没有那么近了，至少不是我来主持、当课题负责人、负责系统的运转，但我对本科低年级教育还是很有兴趣，现在也还在教一年级。我觉得一年级非常重要，是基础。所有的建筑类专业都得学会讨论如何落地的问题。我们知道了这个街道的指标，容积率、密度是多少，可是具体长成什么样、到底怎么实现，是一个完整的还是若干零碎的事，是一种线性组织还是自由布局等等，没有本科低年级的基础的话，以后无论做建筑、规划还是景观，其实都是一种很虚的状态。对形式的把握、对尺度的认知，我觉得是低年级教育里边特别重要的。我现在所做的事情实际上也还是跟那个时候的有关系，包括这些年写的书、翻译的作品，在空间思维里都还是比较偏基础的，包括一些基本观念和基本操作。我自己做的也还是基本操作，但是我认为基本的东西里边有无穷变化，越发展可能分支越多，到一些相关但又不是很核心的领域里。那些东西也很重要，但我觉得，基础就是基础，有了基础才能去谈外延，才有内涵与核心。

我觉得我们的教育的好处也在于有这样一个统一的基础，之后不管是做大尺度、中尺度、小尺度、微观，都易于分享与合作。无论是在哪个尺寸上做事，无非都是为了我们的物质空间更好，"好"的标准统一了，各尺度设计的配合协作就有契机与切入点。否则的话，比如做大尺度的规划设计，更多涉及的是数据和政策，如果不明白设计最终如何导向真正的微空间，也就是给人使用的具体空间，政策就有可能会制定错，所以我觉得这样统一的基础是必备的。不仅知道，还要能操作，能操作之后才是真知道。就像你读诗读得很美，亲自写过几首，才知道有多难，这个时候你才明白如何去运用语言。

采访者：您对工作以来规划系的变化有什么感触？

受访者：我刚来北建大的时候规划系只有四位老师，当时一些老师在国外，现在已经将近 30 位了，这个变化还是很大的。老师们也都年轻化了，很有朝气，我们的学科也越来越丰满。规划专业去年开始申请博士点，已经走上了一条新的发展道路，接下来还有更多的建设任务，提升学科水平、推进博士点的申请与设立，有博士点之后形成独立的研究板块，我们的几个学科方向都能够有好的增长点。这些我觉得是一个系、一个学院、一个学科发展的必然经历，都是值得期待的。

采访者：在您看来北建大规划专业的优势和特色有哪些？

受访者：我们的老师都有很高的学历以及良好的素质，也很努力。校园地处北京，作为市属高校，服务的对象、面对的城市环境和基本问题有一种先天的特征、优势与特色。既有首都核心区的问题、雄安新区的问题，也有老城保护的问题，有周边地带的像长城、十三陵这种重要文化遗产的问题。不管是毕业生还是我们的学科，其实都还有一定的发展潜力。虽然我们已经取得很多成绩，但还应该更多地服务于首都建设，与北京的城市发展以及国际大都市的定位相匹配。我们现在正在筹办北建大设计中心，老师们整合起来，以集体的力量去攻坚，拿一些跟北京相关的规划设计大项目，这样推进，接下来的十年就可以看到变化。未来我们还需要继续积累实践经验，逐渐去磨亮自己的牌子。

采访者：您对北建大规划专业的人才培养未来有什么期待或建议？对同学们有哪些建议？

受访者：期待我们的本科生在本校继续深造，争取读到博士。本硕博贯通，在本校完成自己的教育经历，甚至于留校任教，这对我们的人才培养会有很大贡献。虽然目前规划专业还没有博士点，但是可以读建筑学博士。规划的好几位老师都受聘成了博导，接下来这一批还会有。另外同学们应尽量选择北京那些比较好的、有影响力的设计机构工作、实习，像中国城市规划设计研究院、北京市城市规划设计研究院等等，有一个高的起点，接下来能够做更多的事，在核心领域里面发挥更重要的作用。同学们要有意识地主动去追求。

荣玥芳

采访日期：2021 年 11 月 15 日
受 访 者：荣玥芳（以下称受访者）
采 访 者：吴勇江（以下称采访者）

个人简介：荣玥芳，1994 年获东北师范大学地理系理学学士学位；2002 年、2007 年先后获哈尔滨工业大学工学硕士及工学博士学位；现为北京建筑大学建筑与城市规划学院教授，城乡规划系主任，城乡规划学专业硕士生导师，研究方向为城乡规划与设计，是教育部全国专业学位水平评估专家，教育部学位中心学位论文评审专家，住房和城乡建设部全国乡村建设评价专家，中国城市规划学会理事，中国地理学会会员，北京市韧性城市建设研究中心专家，北京建筑大学学位委员会委员，《现代城市研究》（CSSCI）《城市建筑》等期刊审稿专家，《北京建筑大学学报》编委，《小城镇建设》特约主编。

采访者：您选择北京建筑大学的原因与看法，以及参与到北京建筑大学教育中的一些感受和收获？

受访者：2007年我博士毕业到北京来，北京有硕士点的学校选择不算多，因为当时北京林业大学规划专业还没有招生，北京工业大学招生但不是以建筑类为主，北方工业大学不招聘规划的老师。北建大的基础就是建筑学专业，发展起来的规划专业正好跟我的教育背景相符。

采访者：您来到北建大之后对于教学情况变化的感受？

受访者：从招生规模来看，这些年北建大规划专业有了较大的发展。2007年规划专业研究生只招生一个班，人数较少，研究生的生源也没有现在好。研究生当时是每年招生20个，现在每年招生30个；师资力量也有了提升，当年只有冯立、张忠国、孙立、李勤、范霄鹏、丁奇这六位老师。当时北建大还叫北京建筑工程学院，2013年更名为北京建筑大学，学校的党委书记钱军作了三大工程：大兴校区启动建设、申博工程、发扬办学特色。2007年之后两届毕业生，学校当时的影响力没有现在这么大，在北京土木、环能、交通行业工作者很多，但规划的毕业生少。当时才是开始招研究生的第二年，一切都处于刚刚开始的状态，比如博士人才项目、国家级虚拟仿真中心、第一轮本科教育评估。从那时开始，我负责统筹参与了三轮本科教育评估、三轮研究生教育评估，每4年一轮，中间每两年还有一次检查。评估是一个很重要的工作，一直在申请，请专家进校，伴随评估学校也在不断进步。之后景观从规划专业分出去，景观老师也分出去，规划的老师经历了减少然后又增加的过程，从最初的几个人到现在已经是28人，变化很大。招生质量逐年在提升，原先规划专业的本科生北京户籍在一半以上，现在是一半。研究生招生也是质量逐年上升的状态。现今我们会招到哈尔滨工业大学、东南大学、天津大学、沈阳建筑大学、山东建筑大学、安徽建筑大学、天津城建大学等高校的本科生源，这些学校在各个省建筑类的规划专业里也是比较好的。北建大的规划专业在行业内的认可度也在提高，我本人这些年带了不少学生，学生的就业去向普遍较好，目前的毕业学生只有一个是去了中科院深圳总公司，另外一个去了山东省城乡规划设计研究院，现在想考博士，其余全都留在了北京。38个人留下36个，其中北京生源最多五六个，大多数都是外地生源，就业其实还是非常好的，基本上都解决了户口，只有个别学生没有解决户口。

采访者：作为导师，您对学生具体有哪些要求？

受访者：可能看重学习能力、理解能力多一些，有的学生哪怕是好一点学校来的，但是理解力不行，但是大多数情况下双选的效果还是没什么问题，基本上学生有意向，然后通过面试进行双向选择。

采访者：北建大规划专业的学生如何更好地利用和发挥学校的地缘优势？

受访者：北建大的校外实践基地很多，而且在北京，学生有更多的机会接触到前沿的发展动态，有更多的会议可以去听，有很多的大型设计单位可以去实践，优势还是挺明显的。但目前看学校还没有把这些优势利用到极致，比如大部分国际知名专家都会到访北京，但是我们没有很好地把握住机会。

采访者：您在北建大城乡规划专业的教学经历对您有哪些深刻的影响？

受访者：举两个例子，一个是我带的第一个研究生叫刘帅，2011 年毕业到现在也有 10 年了，我们关系挺好的，到今天都有联系，有时间的话还经常会一起吃饭。另一个是本科生每年毕业季申请出国时我发现自己得到了很多同学的信任，也挺开心的。跟年轻的学生们在一起是一件让人开心的事，年轻人总是很有活力的，老师一般不会把学生忘掉。

采访者：您的学习和研究方向是什么？能简单介绍一下吗？

受访者：我是从设计院到学校当老师的，相当于从之前每天做规划变成现今我教别人做规划。这也需要学习，其实会做不一定会教。我到了学校之后，就深刻领会了"教学相长"这个词的意义，教授学生的同时，对我自己也是一个促进。例如我教规划师业务基础或者设计课，原来觉得好像也不难，但是对学生来说他们是一张白纸，什么也不会，要教会他们也不容易，需要方法。课很多，几乎没有时间备课，但是好在我有在设计院工作了 13 年的基础，而且注册规划师考试、考研也是背了很多遍规划原理。但在这样的基础之上，还需要更新，再加上城乡规划法、用地分类标准规范、美丽乡村、国土空间、多规合一、城市体检、双评价等都需要不断地学习。我也需要不断地去适应社会的发展变化，比方说从原来的扩张变成了存量，有一段时间说多规合一现在又说国土空间规划，其实万变不离其宗，要跟上时代就要不停地学习。

软件也在变化，原来用 CAD 时我觉得足够了，但又出现 GIS，所以要不断地更新自己。在这个过程当中肯定有迷茫，比方说从设计型的人转变到科研型的人，思考问题的方式怎样转变，这也是不太容易的事情。因此这个过程就是要不断地学习。

孙 立

采访日期: 2021 年 11 月 28 日
受 访 者: 孙立（以下称受访者）
采 访 者: 赵旭（以下称采访者）

个人简介: 孙立，男，1974 年 3 月 4 日出生，籍贯辽宁。东京大学都市计划专业博士。现任北京建筑大学建筑与城市规划学院教授，中国城市规划学会理事。主要研究领域为社区人居环境整治、城乡规划设计理论与方法等。主持美国能源基金项目"（中国）新时期城市设计实务研究"，北京市哲学社会科学基金项目"北京市流动人口聚居区人居环境改善模式研究"等多项科研课题。著有《中国城中村现状及其人居环境整治》《社区参与整治——北京流动人口聚居区人居环境整治之道》等多部专著。主持参与的城乡规划工程项目多次获得国家及省部级城乡规划设计奖。学术论文多次获得日本规划行政学会学术论文优秀赏、全国高等学校城乡规划专业学科指导委员会教师优秀论文奖等奖项。

采访者：请您谈谈您工作以来的工作心得，主要研究类型与方向、工作主要成绩以及主要作品。

受访者：北京建筑大学城乡规划专业 2001 年办学，已值 20 周年。我 2002 年来到我校任教，今年是我来到学校工作的第 20 个年头，我是规划系的第三位老师，可以说是规划专业"创系三元老"之一，而且是三元老中唯一仍然在职的教师。这 20 年来，我和学校、和规划专业风雨同舟，共同成长、共同进步。这 20 年的工作，主要分为三个阶段。2002 年工作之初～东京大学读博深造前。我于 2002 年来校任教，担任规划 02 班的班主任，这个阶段主要经历了从学生到老师的心态转变，教学富有激情，和同学们年龄也相仿，感情深厚，之后出国深造时同学们还去机场接送，至今仍往来密切。2007～2011 年，我在东京大学读博深造阶段。虽然身在国外，但我每年都回国回校，心系专业发展，一心想要为专业尽微薄之力，助力学院、专业的建设与发展。2011 年至今。其实在去日本深造之前，我更多的是教学的心态，满腔热血想要把硕士以前的学习所得尽数传授给同学们。在我回国后，恰逢 2013 年教育部批准我校更名为北京建筑大学，学校的定位有所变化，在实用的基础上，更要将教学和科研并重。在系统接受国际化研究教育后，我更注重科研方面的转型。

在硕士期间，我研究总体规划方法，力求探寻以动态的规划方法适应快速城市化阶段城市的飞速发展变化，适应我们国家当时的城市发展状况，使规划能恰如其分地始终引导城市良性发展。读博期间，我主要做城中村研究，现在工作室的主要研究方向也侧重社区人居环境整治与规划建设方面，特别是非正式住区的形成、转型研究。我认为面向规划学科未来一百年的发展，如何构建非正规社区的空间秩序将是其重要研究方向之一，这类规划研究不同于简单地将城市绅士化，而是真正地从空间层面关注底层弱势群体人居环境。在工作过程中，我与同学们师生互勉、共同努力，取得了较为丰硕的成果。其中包括美国能源基金项目"（中国）新时期城市设计实务研究"，北京市哲学社会科学基金项目"北京市流动人口聚居区人居环境改善模式研究"等多项科研课题。著有《中国城中村现状及其人居环境整治》《社区参与整治——北京流动人口聚居区人居环境整治之道》《社区参与整治——北京历史街区社区参与人居环境整治影响因素研究》《走向开放社区》《亚非都市社区》等多部专著。公开发表中、日、英文学术论文 30 余篇。主持参与的城乡规划工程项目多次获得国家及省部级城乡规划设计奖。学术论文多次获得日本规划行政学会学术论文优秀赏、全国高等学校城乡规划专业学科指导委员会教师优秀论文奖等奖项。

采访者：在您看来北建大规划专业相对于其他院校的特色和优势有哪些？

受访者：首先，我校的规划专业是依托于建筑学建设的，我们对于城市设计、建筑设计、景观设计都有所涉及。与人文、地理背景的规划专业相比，从具体、微观的设计，到概括、宏观的如区域旅游规划，都有更深层次的理解和把握。其次，与同样依托建筑学的其他院校相比，我校规划专业最主要的优势是地缘优势，我们地处首都，资源优势得天独厚。例如，本科教学实习，我校与十几个甲级平台签约合作，平台层次更高，科研项目层次也更高，这些优势是其他地方所不能比拟的。最后，与同在北京且开设规划专业的高校相比，从办学历史、师资、科研成果到工程实践的质量和层次，我校规划专业在京地位仍然毋庸置疑，为国家建设发展输送了大量实用与技术型人才。可以说，在北京的规划专业中，除了清华大学这样的世界级一流高校，我们的规划专业在北京内无疑是站在第一梯队的。

采访者：您当时选择到北建大城乡规划专业工作，是出于什么样的考虑？

受访者：20 年前我从北建大城乡规划专业开始筹备招生之初，当时规划教研室只有一名规划专职教师（由于当时学校还未更名为大学，现在的学院当时是系，而现在的系就是当时的教研室），就是常被我戏称为规划专业祖师奶奶的冯丽老师。2001 年正式开始招收本科生时，学校引进了从德国刚刚回国的戎安老师来主持教研室工作。

我是规划本科开始招生后，当时的建筑系正式招聘的第一位规划教师，也是作为规划教研室招聘的第一个应届毕业硕士研究生。2002 年初夏，由于我的入职使规划教研室的教师增为 3 人。我能够顺利入职是十分幸运的。尽管当年全国规划专业硕士毕业生的数量不足千人，但当时北京大部分 211 大学教师的入职门槛已经要求一般应具有博士学历，当时的北建大还没升格为大学，要求还没那么严格。再者，是入职才听说的，当时和我竞争入岗的还有清华大学的博士后，地方某211大学的副教授等强劲对手。当然，由于种种原因和各种阴错阳差，当年整个建筑系只招聘了我一个人。入职后，我表现出的对教学工作的极大热情，一人可以承担几人教学工作量的教师正是当时专业创办之初所亟需的。

2011年9月末取得博士学位后，尽管其他同学当时有选择留在日本的，有选择去其他国家或国内其他更好单位的，甚至也有国内的985大学特意到东京来邀请我毕业后加盟他们的规划教育团队，但我并没有一丝犹豫，怀着一颗赤子之心义无反顾地投入到祖国的怀抱，回到自己原本的工作岗位，回到陪伴我一起成长的北建大规划专业。

采访者：在专业学习过程中，师生的关系如何？

受访者： 无论在我求学还是任教的阶段，和老师、同学们都有着深厚的感情，师生关系十分融洽。我执教生涯登上讲台的第一堂课是接替戎安老师给法律系大三学生上的城市规划概论。作为教师正式要给学生讲课时，对"台上一分钟，台下十年功"这句话有了更切身的体会：从自己听明白到给人讲明白，从自己弄懂到让别人懂，中间有很长的路要走。尽管是给非规划专业的学生讲自己十分熟悉的内容，每次课前至少还是需要拿出10倍的时间来备课，做好详尽的教案。尽管做了充分的课前准备，但人生第一次登上自己多年梦寐以求的大学讲台心理还是比较紧张。也许流畅的表达让学生们不易觉察到我的紧张，但直到第一节课下课，我都感觉自己的耳朵是火辣赤热的。课间休息调整后，才渐入佳境、课才逐渐讲得生动起来。戎安老师当时作为教研室主任对我这个唯一的青年教师十分关心，对我的课全程听课指导，使我的教学基本功得到较快提升。得益于此，后来我曾被系里选拔出来和李春青老师一起代表系里参加过全校的青年教师教学基本功决赛。说到上课，除了印象深刻的第一次登台外，更值得一提的是规划2002级的几乎所有专业设计课都是我教的。这样的工作安排和我是规划2002级的班主任这个特殊身份有一定关系外，更主要的还是与专业创办之初师资严重不足有关。尽管我入职后的几年里，丁奇、张忠国、范霄鹏、李勤等老师相继入职，但随着年级增高，班数增多，对专业教师数量的需求也同时在增加。所以，出现了同时也是专业课教师的班主任几乎全程参与本班从低年级到高年级全部设计课教学的现象，至少我和冯丽老师基本都属于这种情况。正由此，规划2002级的学生们也和我建立了深厚的师生感情。为了这届学生，我直到把他们送毕业才赴东京大学攻读博士学位，而学生们为给我出国送行，全体来我家里又做饭又联欢，甚至四年后我回国时，又是他们到机场去接我。直到现在，他们同学间的聚会还都会邀请我一起参加。这种成就感和骄傲应该是教师这个职业独有的吧！

采访者：北建大规划专业的学生如何更好地利用和发挥学校的地缘优势？

受访者：在我校求学，导师负责提供平台创造条件，而同学们要向任何可学的人或者机构学习，例如到我校签约的国内、北京地区内顶级规划设计机构实习，到清华大学、北京大学等名校听课等等。不仅仅是拥有专业上的优势，还要在把专业学好的基础之余，把功夫下在专业之外。自古不谋万世者，不足谋一时；不谋全局者，不足谋一域。同学们要积极参与北京地区的大型活动、依托高端平台，充分利用课余时间，丰富视野、开阔眼界。

采访者：北建大作为地方高校，您认为规划专业应该如何进行在地服务、助力北京三规落地呢？

受访者：其实我个人对于目前此项工作进展的情况并不是十分满意，目前主要靠教师的个人能力、学术成就和影响力来承接项目、服务三规，并没有系统化形成完整的体系。在地服务应该系统地组织老师和相关部门对接，再根据老师所长分配任务，从学校、学院层面推进。应由教授带头，让每个普通教师都能有机会参与。在我就职之初，遇到了比较好的机会，2004年北京总体规划、2006年北京控制性详细规划编制都有参与，并且当时在姜中光、汤羽扬等老一辈教师的带领下参与了很多直接服务于首都核心区建设的项目。做各类项目，有经验的老教师要发挥带队作用，带一些社会影响力尚弱的青年老师，促进团队形成，进而使资源良性流动，发挥每个人的积极主动性，发挥每位老师的特长。

采访者：设计院或者社会对于规划专业人才的需求，以及对毕业研究生有哪些要求？

受访者：在就业工作的过程中，除了需要基础的解决专业问题的具体能力，如组织协调能力、团队融合能力，更重要的是思维方式，以及独到的视野与视角，如果不能贡献独有的见解和智慧，在工作过程中就会一直当基础工作的"工具人"而不是真正的负责人。

除此之外，在软件、绘图技能方面，国土空间规划仍然是当下的大趋势，人文地理的理论知识以及 GIS 的学习仍然很重要，同学们一定要尽早掌握。

最后，在学习工作的过程中，情商比智商重要，努力比智慧重要。要始终保持学习的心态，养成好习惯，尽量多掌握本领。在工作中认真负责、勇于担当，保持积极主动，把握机会。有了这些品质，无论去哪都会有较好的发展，不会出大问题。

采访者：目前国土空间规划改革如火如荼，国土空间规划与城乡规划学科专业人才培养的关系如何协调？

受访者：一直以来，我们其实疏于思考一个问题，国土空间规划是一个专业还是一种类型的规划，国土空间规划其实是一系列规划的总称。城乡规划不直接等于国土空间规划，也不能片面地理解国土空间规划，实际上国土空间规划是一系列规划的集成。但我并不觉得泾渭分明是一件好事，我们在学好本专业的同时，应该兼顾其他领域。从前以人文背景、地理学为基础的这些专业，我们现在更需要兼顾学习。但同时我们不能忘本，不能忘了设计本底，因为这才是我们传统规划专业学生的竞争优势，要在坚守阵地的基础上兼容并济，融会贯通各个相关领域。

王 晶

采访日期：2021 年 11 月 12 日

受 访 者：王晶（以下称受访者）

采 访 者：巩彦廷（以下称采访者）

个人简介：王晶，天津大学城乡规划与设计专业博士，清华大学交通研究所博士后。北京建筑
大学建筑与城市规划学院副教授，城乡规划学系副系主任，硕士生导师。主要研究方向是国土
空间与交通一体化规划、城市更新、韧性城市等方面。兼任中国城市科学研究会韧性城市专业
委员会委员，中国国土经济学会国土交通综合规划与开发（TOD）专业委员会专家委专家。主
持完成国家级、省部级基金项目 4 项，参与国家级、省部级基金课题 11 项，出版专著 4 部，
研究成果获得省部级行业奖励 3 项、科局级奖励 1 项、国际竞赛一等奖 1 项。

采访者：请您谈谈您工作以来的工作心得，主要研究类型与方向、工作主要成绩以及主要作品。

受访者： 2011 年我从天津大学城乡规划专业毕业后进入清华大学交通研究所工作，于 2013 年进入北京建筑大学建筑与城市规划学院任教。主要研究方向是国土空间与交通一体化规划、城市更新、韧性城市等方面。工作以来，在领导的悉心关怀和同事们的支持帮助下，先后主持完成国家自然科学基金"大都市区综合客运枢纽与城市空间的耦合机理及开发模式"，北京市社会科学基金项目"北京远郊轨道交通枢纽与周边土地一体化开发机制研究"、住房和城乡建设部科技项目"基于'绿色换乘'的高铁客运枢纽交通接驳规划与设计"、北京未来城市设计高精尖创新中心项目"北京轨道交通网络化背景下的宜居型 TOD 模式研究"，研究成果《基于绿色换乘的高铁枢纽接驳体系建构》发表在《城市规划》杂志，并获得第四届钱学森城市学金奖优秀奖。先后出版著作《轨道交通枢纽与城市用地一体化开发》《城市与交通一体化规划：新加坡经验与珠海规划实践》《高铁客运枢纽接驳规划与设计》，均收入"十三五"国家重点出版物出版规划项目。2016 年入选北建大金字塔人才培养项目；2019 年参加在美国迈阿密举办的 Smart City Solutions Competition 设计大赛，参赛项目"社区需求导向下的智慧交通响应方案"获得一等奖。

采访者：北建大工作经历带给您比较大的影响是什么？

受访者： 北建大是北京市唯一一所建筑类院校，是"北京城市规划、建设、管理的人才培养基地和科技服务基地"，承担了大量的服务首都、服务北京城市建设和人才培养的工作，也给老师们提供了很多实践锻炼的机会。让我印象深刻的是 2016 和 2017 年借调北京通州参与城市副中心规划编制和管理工作的经历。这段工作经历让我得以从设计和管理的双重视角去重新认识城市规划工作，体验了"匠人营城"的乐趣，也对规划实施的难度和重要性有了更加深刻的认识。蓝图要有先进性，实施则要贴地气，两者缺一不可。这段经历也影响了我对规划专业人才培养的认知。面对高质量城市发展需要，我们培养的人才，毕业后不仅要规划设计专业能力强，还要注重管理、策划组织、外语交流、沟通协调等综合能力的培养，才能满足未来城市对高质量规划、建设和管理人才的需求。这个过程也对老师提出了更高的要求。

采访者：在专业学习过程中，您会如何传授学生知识，如何与学生交流专业知识？

受访者： 在专业教学中我比较注重引导学生关注行业热点问题，注重培养学生学以致用的能力。比如在《城市地理学》教学中，我会从世界城镇化发展规律教学入手，引导学生讨论我国当前城镇化的时代特征和困境；结合我国城市收缩的案例，解释城市基本活动在城市生长发展中的动力作用，帮助大家理解城市的可持续发展机制；在每学期的最后一节课，会预留时间组织大家就当前的热点问题结合北京现状调研自拟题目展开汇报讨论并给出解决方案，同学们反馈这样的方法激发了大家的学习兴趣，提高了对知识掌握和使用的纯熟度。另外我也经常针对同学们感兴趣的考研问题，不定期与大家展开交流。

丁 奇

采访日期：2021 年 12 月 1 日
受 访 者：丁奇（以下称受访者）
采 访 者：周原、吕虎臣、王鹭、张彩阳（以下称采访者）

个人简介：丁奇，教授，博士生导师。住房和城乡建设部科学技术委员会农房与村镇建设专委会委员，中国城市规划学会乡村规划建设学术委员会委员，中国风景园林学会历史与理论专委会委员，北京历史文化名城保护学术委员会委员，北京基层城乡社区治理促进会常务理事，青海省"千人计划"特聘专家，《小城镇建设》杂志编委。研究方向为城乡社区规划与治理，城市设计与公共空间规划。发表专业重要学术期刊论文 20 余篇。近年来主持包括国家"十二五"科技支撑项目课题"传统民居聚落安全与防灾系统技术研究"、国家重大水专项研究子课题"基于雨水低影响开发的城市开放空间规划设计研究"、住房和城乡建设部课题"全国村庄数量变迁研究"等省部级以上科研课题 20 余项。出版专著 3 部。

采访者： 丁老师，您参与规划工作和教学非常早，北建大整个规划学科的建设发展背景一步步发展到如今，规划系是如何参与其中的？

受访者： 新中国成立后的北京，经济百废待兴，北建大很长一段时间里作为一个实际参与建设工作的技术院校，培养了大量建设人才，直接参与了北京的城市建设，算是一个专门为北京市建设服务的学校，招生也几乎只针对北京招生，有一定的对口帮扶政策才面向其他省市有一些招生。我们的城市规划学科最初是在建筑学学科下的二级学科，开始只有建筑学，建筑、规划、园林是一体的，遵循了吴良镛先生广义建筑学的理念，是对整体人居环境的设计。早年的建工学院，有很多大师，有很多领导尤其主管建设的领导等都在我校进修过，来到咱们学校任教的老先生们很多也非常杰出，老先生们辗转来到我校，使我校尤其在建筑历史研究方向，一度大师云集，臧尔忠、曹汛、王其明几位先生个个学富五车，在行业内影响巨大。规划学科最初是成立了规划教研室，其成立的原因也是与国家的发展相适应，经历了快速发展的城市建设，产生了诸多的城市问题，亟待统一开发和治理。城市规划学科也逐渐从分支学科一步步走向独立学科。

采访者： 2021 年是规划系建系 20 周年，一路发展至今，您是参与者也是见证者，有什么大事件和感慨分享给我们吗？

受访者： 2001 年，成立规划教研室，冯丽老师是第一任系主任，戎安老师是第二任系主任。规划系招的第一个年轻教师是孙立老师，我是第二个，我之前在设计院工作，那会正巧赶上非典疫情，入职的事情我印象非常深刻，做了很多程序和检查，终于正式进入了北建大规划系。当时的疫情很严重，教学受到了严重的影响，我和孙立老师作为两个年轻人，具体的事情处理得比较多。第一次城市规划本科专业教学评估和研究生评估，是学科带头人张忠国老师和我主要负责，最初的教学体系是冯丽老师、戎安老师和孙立老师在参考清华和西安建筑大学的教学体系基础上，结合我们自己的特点制定的。后来第一次全国学科评估我们建筑是第 9 名、规划是第 12 名、风景园林是第 15 名，成绩都还是不错的。

采访者： 我们知道您拥有丰富的在国外和国内的工作和学习经历，请您谈谈目前国内、国外的城乡规划专业的建设和发展的异同。

受访者： 在面临城市化发展的过程中，国内最早推动规划学科发展的是梁思成先生。"梁陈方案"中的另一人是陈占祥先生，他在伦敦大学学习时，老师是现代城市规划的奠基人之一的阿伯科隆比爵士，之后作为住房和城乡建设部的总工程师承担了很多的实际建设工作。城市规划兴起于19世纪后半叶，国外的城乡规划建设要比国内发展早。例如在欧洲，欧洲城市规划的开端是霍华德的田园城市，以及欧文与傅里叶等人的空想社会主义思想中关于新和谐公社、乌托邦等的建设。欧洲城市规划的发展起初是由社会学者、公共卫生专家和经济学家们推动的，后来建筑师和工程师成为城市规划的中坚力量。而美国的城市规划一般认为发端于"城市美化运动"和1909年的芝加哥规划。美国景观设计师之父奥姆斯特德的小儿子——小奥姆斯特德对推动美国的城市规划专业发展起到了巨大作用。我国的城市规划蓬勃兴起主要在中华人民共和国成立以后，尤其是改革开放以后。城市规划专业虽然成立较晚，但对于我国的城乡建设发展起到了比较大的作用。

采访者：请老师谈谈目前城乡规划专业的前景。

受访者： 目前城乡规划专业的发展前景还是不错的，未来我们专业的工作将从之前的城市增量规划转向城市存量规划，更多关注城市更新。在存量更新时代，规划专业要发挥自己理性思维的优势，从社会学、生态学等角度思考问题，这是我们特有的优势。另外，在国土空间规划背景下，我们要牢牢用好手中的工具，在计算机绘图方面，GIS已经成为规划专业的基础画图工具。目前我国的城市发展处在转折时期，出现的新问题和新挑战还亟待我们专业的人才去研究和解决。

采访者：请老师谈谈对于城乡规划专业学生的就业建议。

受访者： 面对当下城乡建设的转型与国土空间规划的兴起，首先建议同学们要培养应对规划转型的能力。国土空间规划是一个综合学科，需要接触多学科的知识，比如生态学、社会学等。在大学学习生活中，要努力提升自己的专业素养，重点要抓住城乡规划技能作为空间规划的核心来应对城乡建设的转型发展。在工作中，要寻求与其他相关专业的工作者进行合作，在合作中学习提升。要加强对于国土空间规划软件，如GIS的学习，提高实战能力。对于工作的选择，依托北建大的区位优势，可以在工作中去有意向的单位进行实习，多接触不同特点的工作，找到自己所喜爱的方向。建议偏好设计画图的同学们，可以更多接触地方省院，如北京市城市规划设计研究院、上海市城市规划设计研究院等等；偏重规划管理、想要纳入国家行政编制的同学，可以选择考取公务员作为未来就业的方向。

李 勤

采访日期: 2021 年 11 月 2 日

受 访 者: 李勤 (以下称受访者)

采 访 者: 张家伟 (以下称采访者)

个人简介: 李勤, 女, 北京建筑大学建筑与城市规划学院副教授, 硕士生导师, 国家自然科学基金委评审专家, 北京市工程类职称评审专家库成员, 中国城市规划学会住房与社区规划学术委员会成员, 住房和城乡建设部村镇司传统村落研究工作组专家, 北京建筑大学建筑与城市规划学院研究生教育督导组组长, 华中科技大学出版社特约作者, 冶金工业出版社特约作者,《城市建筑》杂志编委。主要研究方向为韧性城市规划与设计、城乡发展与遗产保护规划、住房与社区建设规划、乡村规划等。

采访者：在您看来北建大规划专业相对于其他院校的特色和优势有哪些？

受访者：北建大相比于其他规划类院校有三个明显优势。第一个优势是地缘优势，北建大地处北京西城区，可以接触到许多北京教育优质资源和实践课题；第二个优势是实习平台优势，北建大有非常好的校外实践基地，包括中规院、北规院、建设部院、清华同衡等，为同学在实习方面提供有力的支持；第三个是专业平台优势，北建大是北京地区唯一一所建筑类院校，同时设有高精尖研究中心、乡村中心（共同缔造研究院）、建筑设计院以及规划院，为师生提供了科研与实践机会，对专业学科发展很有帮助。

采访者：您在北建大工作了将近20年，见证了北建大规划专业的哪些发展与变化？

受访者：我2006年来北建大工作，那时刚有城乡规划这个专业才几年，规划专业老师也比较少，差不多刚够一个老师带一个年级，经过这些年的发展，师资力量明显强大了，规划专业的老师均来自国内外知名院校，涵盖了城市与区域规划、城市设计、村镇规划、城乡遗产保护规划、城市交通、城市生态等多个方面。第二是办公条件，由最开始与建筑学的老师合用办公室，到后来地下办公室、半地下办公室，直到如今的401独立大办公室，办公环境越来越好。第三是专业实力越来越强，本科与研究生都顺利通过评估，而且最新的评估结果都是优，说明城乡规划在教学、师资、课程建设、教学条件、科研等方面都更加完善。其中，最明显的变化是北建大更多地参与到了北京市的规划建设当中，包括北京通州副中心、首都功能核心区、北京地区大运河等的建设，社会影响力越来越大。第四是课程体系越来越完善，同时国内外交流、联合教学、设计竞赛及国际工作营等活动都促进了人才培养。

采访者：在您的专业学习程中，您是否有过迷茫、困惑？

受访者：以前都是增量规划，现在是存量规划，现在与过去的设计观念、包括看待问题的方法上会有一个非常大的差异。在课题实践方面，城市更新挺不好做的，涉及方方面面的问题，每个人都会从各自的角度提出意见，居委会有居委会的角度，政府有政府的出发点，居民个人也有自己的诉求，很难凝聚出大家都满意的共识；此外，政府也无法承担所有的支出，这些都需要进行平衡和协调。在教学方面，关于城市更新的一些规范政策，对于同学限制度过高，在课程教学中不是很适用，怎么在教学实践中既能更好融入进去，又能鼓励同学在学习阶段的创造性，我们教学组老师也一直在讨论，给一个适宜的弹性空间，列明哪些是强制性的，哪些是建议性的。

采访者： 您对城乡规划专业的新生以及在校学生有什么建议？对即将毕业的学生就业有何建议？

受访者： 第一是做事情一定要有计划有效率。规划好自己的时间，在做一件事时学会专注，思维是有一个连贯性的，不要受外界太多的干扰；第二是遇到困难要学会马上解决，不要一拖再拖，不然会消磨积极性，遇到解决不了的可以去查资料，可以上网搜索相关的内容，再不行就去找师兄师姐交流、讨论，他们可能也会给你一个与众不同的思路，让你豁然开朗；第三就是多实践，多关注社会问题，不管是规划还是建筑、景观，都是为给人创造一个更美好的生活环境，但这个环境是需要去了解不同的人群，比如不同年龄段的人群、不同类型的人群或者不同区域的人群，他们的需求一定不同。对于即将毕业的学生，选择一份自己喜欢的或者擅长的工作很重要，否则会非常难受；其次是尽量把自己在学校里学到的知识运用到工作中，尤其是研究生，在这个专业最少也学习八年了，如果不做相关的工作还是蛮可惜的。

采访者： 您对规划行业或者规划专业的未来发展如何看待？

受访者： 很看好规划行业的未来。中国正处在高速化发展阶段，新区开发、旧城改造、城乡一体化发展、新农村建设等都离不开规划人才，对于提升城市的品质、保护城乡文化、改善居民人居环境等都是非常重要的，城乡规划专业肯定会越来越好。

采访者： 您对北建大规划专业的人才培养未来有什么期待或建议？

受访者： 实践课时的增加使得同学能够早早地将理论知识与实践相结合，对未来的学习发展很有帮助，但课程之间的衔接仍需进一步优化。比如城市认知实习，我们有五次集中安排，相互之间应该是层层递进的关系。随着实习年级的不同，所学习的内容、掌握的知识以及对城市的理解是不尽相同的，在实习过程中的要求和内容也应既有关联又有各自的特点。希望能够针对实习课构建一个平台，使实习内容更系统化，学生也能更深刻地明白自己的知识欠缺，会变被动学习为主动学习。最后祝愿我们北建大的规划专业越办越好！

苏 毅

采访日期：2021 年 11 月 2 日
受 访 者：苏毅（以下称受访者）
采 访 者：许卓凡（以下称采访者）

个人简介：苏毅，北京建筑大学建筑与城市规划学院城乡规划学系讲师。天津大学城市规划与
设计专业博士。韧性智慧城市大数据研究所负责人。研究方向为参数化设计。

采访者：**您当初为何选择城乡规划这个专业？**

受访者：我选择这个专业也是偶然。最初也不清楚为何选择这个专业，后来感觉这个专业还不错。但是专业越来越内卷，我现在最大的心愿就是把我们专业恢复到相对好的状态，让我们的劳动价值得到很好的体现。

采访者：**在您工作和学习中最棘手的事情是什么？**

受访者：我的工作就是"要钱"挺棘手的，甲方承认工作量，承认图没问题，但最后就是一句我们现在也没有钱，经常遇到这种情况。过去比较年轻，觉得这个项目的性质比较好，就接下来，现在年纪大一些了，即使是自己很想做的项目，也要适当过滤，稍微平庸一点的活也接一些。

采访者：**您当时硕士、博士都做参数化设计，但是为什么现在接触得比较少？**

受访者：因为我现在的杂事相对多了，还是鼓励大家多多用参数化，希望我们今后能全流程地把大家都培养起来。过去有个电影名叫《飞驰人生》，里面说，只有对你自己失去信心的那一刻才是真的过时了。我有时候没有在项目里面用参数化，但是，基本上对于项目中用参数化还是很有信心的，总之过去是探索参数化里面比较酷炫的一面，现在是探寻参数化和实际项目的结合点以及合适的项目。

采访者：**您硕士和博士阶段为什么选择参数化方向？**

受访者：我当时从事参数化有两个原因：第一个原因是唯美，比如扎哈的作品，他们做出来的东西都有一种出淤泥而不染的美感，我想追寻这种美感。另一个原因，当时也带着拯救咱们专业的目标，觉得咱们专业太辛苦了，而这种辛苦当中，有很多重复和无谓的劳动，希望靠参数化能够减轻这种辛苦。参加工作后，教学占据了大部分时间，可能时间精力上不能探索这些事情。我现在特别感兴趣的一个参数化的方向，除了唯美内容与改善咱们行业的劳动条件这两个经典的方向之外，还有一个自然生态的方向，我希望能够让人们生活得更加人性化，包括"野性"的那种人性化，让人们不要变成很庸俗的人，就是我的一个目标。

采访者：**您在工作的这些年中北建大规划专业有什么样的发展？**

受访者：开始时学校规划专业的老师在我印象中还是很少，但是后面老师逐渐多起来，我曾经在某个设计院实习的时候，遇到过一个北建大的毕业生，当时他说很多课都是一个老师教，所以我们当时也是白手起家的，逐渐在艰苦的环境下发展到现在门类齐全。如今学校也有大量来自清华大学、同济大学等各大高校的人才，这个发展过程的变化还是非常大的，平时感觉不到，但要是与十几年前对比，区别还是巨大的。

采访者：您认为城乡规划这个专业需要很强的逻辑性吗？

受访者：不同的单位不同的岗位，需要不同的人才，每一项工作都需要有这样的优点，但总的来说只要你对待一个问题想清楚了，知道自己需要做什么了，那一般都能把自己想表达的内容表达出来。

陈玉龙

采访日期：2021 年 11 月 26 日
受 访 者：陈玉龙（以下称受访者）
采 访 者：吕虎臣、王鹭、康北（以下称采访者）

个人简介：陈玉龙，北京建筑大学工学硕士，高级工程师。研究方向为遗产数字化保护、地理空间信息与大数据。2014 年起任教于北京建筑大学建筑与城市规划学院，2018 年起担任实验中心主任一职，主要负责实验中心建设与管理工作。主讲城乡规划专业和风景园林专业数字化设计（地理信息系统）、数字化设计（建筑信息模型）、数字化设计（虚拟现实）等本科课程以及地理信息系统实习、传统建筑模型、历史建筑传统与科学测绘等实验实践课程。主持省部级课题 1 项、局级课题 3 项，发表论文 3 篇，获得软件著作权 3 项。

采访者：请您谈谈您工作以来的工作心得、主要研究类型与方向。

受访者：很高兴得到这次访谈的机会。我院城乡规划专业办学已经20周年，不知不觉我也在学院教学实验中心工作了7年。作为规划专业数字化设计（系列）课程的授课教师，我对规划专业的感情还是很深的。在这7年中，我认识了很多城乡规划系可爱的老师和同学们，他们都给我留下了很深的印象。在平时的教学与科研中，我也涉及规划技术及大数据方向的内容，城乡规划系的老师们给予了很大的帮助。

采访者：北京建筑大学城乡规划专业的教学经历给您的深刻影响在哪里？

受访者：在实验中心给城乡规划专业开设的数字化设计系列课程中，我主要讲授"数字化设计（地理信息系统）"这门课，从2015级开始，已经教到了2018级，印象还是非常深刻的。地理信息系统作为规划专业重要的技术之一，已经不单单局限于软件的使用，更多的是培养学生地理设计的思维。我们规划专业的学生能从开始的软件学习慢慢转变到设计地理信息科学实践，这是我印象最深刻的，即便是已经毕业的学生，有时也会跟我探讨一些地理信息系统方面的知识，作为一名老师甚是欣慰。

采访者：在您看来北建大规划专业相对于其他院校的特色和优势有哪些？

受访者：我们的规划专业在北京市属高校中一直都处于领先地位。我觉得我们的特色和优势体现在遗产保护、老城更新、传统村落方向，积累了大量的成果，涌现出了一批国内知名专家，如张大玉、荣玥芳、范霄鹏、汤羽扬等。

采访者：您对北建大规划专业的人才培养未来有什么期待或建议？

受访者：规划专业不同于其他理工类专业，需要大量社会实践，高层次的规划人才不仅要求理论过硬，还需要以社会实践作为载体，真正走进"规划的圈"。以社会实践为载体更有利于以问题为中心培养学生，引导学生发现问题、解决问题，激发学生创新精神和开拓意识，才能在国土空间规划背景下，培养复合型人才。

吕小勇

采访日期：2021 年 11 月 29 日
受 访 者：吕小勇（以下称受访者）
采 访 者：王鹭、吕虎臣、陈尼京（以下称采访者）

个人简介：吕小勇，北京建筑大学城乡规划系副教授、北京未来城市设计高精尖创新中心办公室副主任。哈尔滨工业大学城市规划与设计专业博士，国家注册城市规划师，中国建筑学会城市设计分会理事，中国建筑学会园林景观分会理事，北大中文、国家科技双核心期刊《城市交通》审稿人、特约编辑。2015 年起任教于北京建筑大学建筑与城市规划学院，负责城乡规划专业本科生设计课程并讲授城乡规划专业硕士研究生城市社会问题等课程。

采访者：请您谈谈您工作以来的工作心得、主要研究类型与方向？

受访者： 我院城乡规划专业办学已经 20 周年，在北京建筑大学作为城乡规划专业的教师工作了 6 年，对规划专业有很深的感情。我自 2016 年起担任城乡规划系副主任，2019 年起任学校龙头科研平台北京未来城市设计高精尖创新中心办公室副主任，统筹学校城市规划与城市设计重点科研团队建设，服务首都城乡建设发展重大战略需求，培育重大标志性成果。我的主要研究方向是城市与区域空间发展、城市设计以及历史城市更新与保护。

采访者：您当时选择到北建大城乡规划专业工作，是出于什么样的考虑？

受访者： 我是在 2015 年开始到北京建筑大学工作的，选择到北京建筑大学的城乡规划专业工作，一个很大的原因就是当时的北京建筑大学是北京的一所具有鲜明建筑特色的大学，也是北京唯一的建筑类大学。而且我所从事的城乡规划学科与专业在全国位居前列，对于青年老师具有良好的成长环境。

采访者：您对学校的印象是什么？或者说您对北建大规划专业的画像是什么？

受访者： 北京建筑大学秉承"实事求是，精益求精"的校训，包容、开放，培养与造就着"古都北京的保护者，宜居北京的营造者，现代北京的管理者，未来北京的设计者，创新北京的实践者"。2020 年北京市委书记蔡奇到校视察，明确指出北京建筑大学是培养未来规划师、设计师、建筑师的摇篮。

采访者：在您看来北建大规划专业相对于其他院校的特色和优势有哪些？

受访者： 北京建筑大学在历史城市保护与更新、城市设计、乡村规划等领域具有显著的学科专业优势，拥有北京未来城市设计高精尖创新中心高端平台。

采访者：在您的教学过程中，您是否有过迷茫、困惑或开心？迷茫和困惑的解决办法是什么？

受访者： 看到学生在专业上、社会责任提升上的成长和进步是规划专业老师最快乐的事情。

采访者：北建大规划专业的学生如何更好地利用和发挥学校的地缘优势？

受访者： 建议学生科学制定个人发展规划，广泛参与城乡规划课题研究，深度参与首都城乡规划实践，加强国内外学术交流，服务首都高质量发展和国际一流和谐宜居之都建设。

采访者：北建大作为地方高校，您认为规划专业应该如何进行在地服务、助力北京三规落地呢？

受访者：加强校企协同，将更多立足解决首都城市发展问题的实践类课题引入课堂，使学生立足真实场景培养城乡规划专业能力，向首都更为精准地输送专业人才；加强部门对接，积极承担规划与自然资源委员会、住房和城乡建设委员会、城市管理委员会等市政府相关行政主管部门研究课题，服务"三规"落地，服务首都城市更新行动；加强社区融入，将规划服务与城市发展基础单元紧密连接，服务社区自组织功能修复和治理能力提升。

采访者：您对北建大规划专业的人才培养未来有什么期待或建议？

受访者：期待北京建筑大学城乡规划专业人才培养能够进一步推进国际化交流合作，同时持续搭建高水平研究与实践平台，强化培养学生应对复杂城市问题的能力。

桑 秋

采访日期：2021 年 11 月 13 日

受 访 者：桑秋（以下称受访者）

采 访 者：康北、陈尼京（以下称采访者）

个人简介：桑秋，北京建筑大学建筑与城市规划学院副教授，注册城市规划师，中国科学院东北地理与生态农业研究所环境科学专业人文地理方向博士。承担课程教学：区域分析与规划、城市经济学、城市社会学研究专题、村镇体系规划、毕业设计、城市总体规划与控制性详细规划、城市认识实习（一）等。

采访者：请您谈谈您工作以来的工作心得、主要研究类型与方向、工作主要成绩以及主要的作品。

受访者：作为一名入职本校有一段时间的老师来说，我主要研究方向更加倾向于规划方向，设计方面涉及相对较少。参与总规、控规甚至一些与经济相关的规划工作比较多。期间也参加过不少的规划项目，获得国家级、省部级的一些奖项。同时也指导学生参加竞赛，分别获得不同的奖项。作为一名教师，在教学过程中也有很多需要不断学习的地方。在教学方面，需要让学生能听懂、能掌握。在实践方面，鼓励学生们大开眼界，多观察，多实践，用多角度的立体眼光来看待我们的城市。更加全面地培养我校规划方面的人才。

采访者：您当时选择到北建大城乡规划专业工作，是出于什么样的考虑？

受访者：我曾经在设计院工作过一段时间，但是后来发现自己对科研的兴趣更高，并且希望对自己在本专业的一些研究进行创新，于是来到了我校工作。除了学校里面相对浓厚的科研氛围之外，北京建筑大学也有着处于北京市中心这样的地缘优势。并且目前北京建筑大学的发展势头比较好，是"老八校"之外最具发展潜力的院校之一，想要提升自己是非常不错的平台。

采访者：北建大规划专业的学生如何更好地利用和发挥学校的地缘优势？

受访者：对同学们来说，首先建议利用北京相对较好的案例优势。北京作为中国的经济、文化中心，许多教科书上的案例其实就在身边。城市更新、遗产保护等方面的规划案例都能发现。可以说是我们专业的"活教材"。除此之外，北京城市人口众多，也导致城市的社会问题、交通问题等较为明显。因此要对城市进行观察，由此产生一些思考，这其实是对我们比较有利的。尤其城乡规划作为一门城市学科，多看、多听、多思考、多学习是非常有帮助的。其次，北京这个非常明显的地缘优势也给予了我们充足的锻炼机会。我们学校旁边有许多设计院，只要肯吃苦，实习是非常方便的。希望同学们能够抓住这样的一个地缘优势，好好发展。

采访者：您对北建大规划专业的人才培养，有什么建议或者期待？

受访者：首先希望同学们把基本功做扎实，提升整个人的社会认知基础。现在同学们的社会体验可能相对较少，希望同学们能够多出去走走，看看城市。毕竟我们规划的就是城市本身，一定要多深入了解它。不要沉溺于一些书本上面的理论，要把视野打开，去感受、去思考。比如走在街巷里是什么体验，城市界面给你什么感受。你在思考这些问题的同时，对城市本身的了解其实也就加深了，对我们的专业课学习是十分有帮助的。其次，希望同学们多去启发自己的想法。我们学校提供了许多如大师讲坛等的讲座活动，一定要多听，站在巨人的肩膀上去看世界，才能看得更高更远。有时候你在迷茫的时候，可能大师的一句话就可以给你点透，不要只靠自己的力量。哪怕是同学，也同样能给你启发。多沟通、多交流，是提升自己最快的方法。

在未来，希望同学们在专业上，从社会经验方面尽可能去将想法科学化、定量化，甚至和数学相结合。我们学科目前同学们更多的是从一些感性的角度去看问题，如果想让自己的成果变得更加能令人信服，更加靠得住，需要向科学靠拢，建立一定的模型甚至体系来将其完整化。

石 炀

采访日期：2021 年 11 月 28 日

受 访 者：石炀（以下称受访者）

采 访 者：原琳（以下称采访者）

个人简介：石炀，男，清华大学建筑学院城乡规划学工学博士，国家注册规划师。现任北京建筑大学建筑与城市规划学院讲师，北京建筑大学城市大数据应用研究中心副主任。主要研究领域：城市历史保护、城市更新。主持"北京老城居住院落保护更新机制研究""多源数据下的特大城市中心城区更新评估技术研究——北京为例""共建共治共享的乡村治理体系研究"等。承担课程教学：三年级城乡规划设计（二）、四年级城乡规划设计（三）、四年级城乡规划设计（四）、五年级毕业设计、中外城市建设史等。

采访者： 请问您对北建大规划专业的画像是什么？

受访者： 我觉得北建大规划专业是非常明显的从建筑学生长出来的学科，注重空间设计，近几年规划专业师资力量发展势头比较好，地理学、市政生态、城市治理等方面的优秀老师也加入进来，专业具有多元而综合的特点。

采访者： 请问在您看来北建大规划专业相对于其他院校相关专业的特色和优势有哪些？

受访者： 我觉得第一个优势是北建大规划专业实践的土壤特别好，参与北京市规划实践的机会比较多，尤其是在遗产保护方面，比如长城和老城；然后是城市更新方面，比如北京城市更新政策、老旧小区改造等。第二个优势是北建大各个学院和学科之间的关系很紧密，规划专业现可以与各个学科实现交叉融合，规划专业能够与理学院、测绘学院、环能学院、电信学院和经管学院等紧密合作，这与一些综合类高校相比而言特别有利，得益于北京建筑大学是一个"小而精、精而美"的具有突出建筑学科特色的院校。第三个优势是规划专业和就业实践的结合优势，因为学校与住房和城乡建设部、中国城市规划设计研究院、中国建筑设计研究院的距离特别近，与他们的交流非常密切，同学们在实习和就业的时候会有很大的优势。

采访者： 请问您认为在专业学习过程中，师生的关系如何？

受访者： 我校师生一是面对在地服务的时候共同意愿特别强，北京这个城市本身有特别丰富的值得研究的课题，这些问题既有趣又有科研价值，所以老师和同学都不必特别焦虑地去寻找课题或研究方向，会很容易在北京市找到师生同时既感兴趣又有价值的问题，这可能是促进师生共同研究方向的一个很好的契机，这样师生在学术上的关系会很紧密。二是规划系所在的校园规模不大，师生之间见面和交流的机会很多，我个人经常在校园里通行一圈就能偶遇许多同学，这种"抬头不见低头见"的关系和氛围让师生交流的场所和场景非常丰富，操场散步、食堂吃饭都可以偶遇同学讨论，师生在校园中都比较有归属感。

采访者： 请问您认为北建大规划专业的学生如何更好地利用和发挥学校的地缘优势？

受访者： 我觉得我们规划专业的学生可能要像同济大学的学生对上海发

挥的作用一样发挥其对于北京的作用，要有这个觉悟和定位，要更加主动地走出校门，跟周边的部委、高校、科研院所主动地去交流，这样的机会其实走出校门以后再想获得就比较难了。再有就是立足我们北京超大城市的各种复杂城市问题去研究未来城市的方向，北京、上海、深圳基本上代表了未来中国城市发展的前沿方向和探讨，我们应该珍惜现在能够深入接触研究北京城市问题的机会，其实在这个过程中得到的经验很可能在十年二十年的时间里应用到全国数十个、上百个重大城市的规划和研究中，这也是一个很大的优势。

采访者：请问您对即将毕业的学生就业有何建议？

受访者：对于即将毕业的学生，我第一个建议就是一定要想清楚自己的人生目标，这句话听起来是一句空话，但是我见过很多同学毕业了两三年以后回过头来跟我说"老师我好像当时没有想明白"，还有迟钝一点的同学过了五六年之后才又回来说"老师我当时好像更适合做……"我认为有一个好的办法，就是想象一下你在50岁的时候希望过什么样的生活，或者说你现在比较羡慕的、尊敬的、认可的一位长者，他在50岁时的状态，你希望你也能是这样，那么就去反推你在未来刚毕业选择职业时应该做什么，然后就去做什么。千万不要盲目地和同学去对比收入如何，工作是否光鲜，房子大不大，那都是三五年之内短期的看法，等到你年纪稍微大一点儿之后，可能就更多地考虑你的生活状态是怎样的，你的工作目标和价值是什么。第二个建议就是要向内挖掘自己的爱好、喜好到底是怎样的，一定要做自己喜欢的事，有时你可以通过很多细节来向内去看你的内心，你在做什么事的时候不需要督促，特别积极，不愿意睡懒觉也想去做，你在做什么事的时候是因为你想要得到某些东西才迫不得已地想做，你多向内观察自己内心的动力，可能对就业方向就会有比较明确的想法，另外遇到不懂的问题多和老师沟通。

顾月明

采访日期：2021 年 11 月 9 日
受 访 者：顾月明（以下称受访者）
采 访 者：刘思宇、王晨（以下称采访者）

个人简介：顾月明，女，清华大学建筑学院工学博士，现任北京建筑大学建筑与城市规划学院
讲师。研究方向：建筑设计及其理论、身体与建筑、中西方建筑文化比较、城市设计等。参与
科研课题以及实际项目若干，主持市属高校基本科研项目青年科研创新专项"基于身体认知的
中西方传统建筑空间比较研究"。同时教授北京建筑大学城乡规划专业建筑设计（1）、（2）
与设计初步（2）、外国建筑史、建筑制图等课程。

采访者：请您谈谈您工作以来的工作心得、主要研究类型与方向、工作主要成绩以及主要作品。

受访者：在高校当老师和一开始想象中的有一定差距，并不只是教书育人、把知识和学习方法教给学生，除此之外还有研究、服务社会和其他事务性工作，这些工作实际上相互之间有着一定影响。总之，在学校工作有很大的挑战和压力，但也有很大的成就感。进入北建大以来，我的主要研究内容和方向是身体与建筑和城市，参与主持了基于身体认知的中西方传统建筑空间比较研究、北京城市空间与建筑品质提升系统性理论和方法的研究及应用、中国传统村落社会价值研究等课题研究，在 CSSCI 期刊上发表论文 1 篇。除了科研之外，还参与举办了"北京公共空间城市设计大赛 2018"。

采访者：您当时选择到北建大城乡规划专业工作，是出于什么样的考虑？

受访者：因为我家中长辈老师比较多，一直以来我都认为教书育人是一项非常崇高的工作，所以博士毕业我也希望能够在高校教书。刚好得知北建大在招聘，就来面试了。原本面试的是建筑系，但是后来因为规划系需要建筑背景的老师教低年级的建筑设计，我就来了规划系。

采访者：在您看来北建大规划专业相对于其他院校的特色和优势有哪些？

受访者：北建大由于地处北京，又是北京唯一一所建筑类的高校，和其他院校规划专业相比，最大的特色就是北京相关的项目和研究课题比较多，对北京比较了解。另外，地处首都能够接触到行业中顶尖的专家和学者，也能快速了解行业的最新动向，这是我们专业的最大优势。

采访者：您对规划行业或者规划专业的未来发展如何看待？

受访者：城市规划是一门自古就有的学问，但是最近几年，规划学科的内涵不断扩大，已经从传统的城乡空间规划设计，发展到了城乡规划编制、公共政策制定和建设实施管理等方方面面。并且目前规划专业本身也面临很多挑战，有来自国家政策方面的影响，如国土空间规划，也有来自技术层面的影响，如大数据。尽管如此，我认为，规划行业未来有挑战就有机遇，行业会更加细分，对个人能力的要求也会越来越高。

采访者：您对城乡规划专业的新生以及在校学生有什么建议？对即将毕业的学生就业有何建议？

受访者： 对于刚进大学的城乡规划专业的新生来说，我觉得最重要的是要在大学找到自己感兴趣的方向，找到自己将来希望从事和擅长的职业。当然能对城乡规划感兴趣最好，不过不管有没有兴趣，大家都要在本科阶段好好学习。因为本科阶段最重要的是学习方法、思考问题的方法以及价值观的培养，而不仅仅是学科知识的获得。城乡规划专业的学习强调培养全方面看事情、分析问题的大视野，重视汇报和与人沟通的能力，这些都是大家将来走上社会无论从事哪行哪业都必须具备的能力。所以大家一定要平时重视每一门课的学习。在我目前还不算长的任教过程中，就碰到好几位同学在低年级时上课不认真，最终成绩不是很理想，然后到了高年级认识到问题，再回过来重修，结果花了双倍的时间和精力。

对于即将毕业马上要就业的同学，我希望同学们首先要根据自己的特长和兴趣，寻找相关的工作。比如擅长画图的同学可能更适合去设计院，擅长沟通、汇报的同学可以考虑从事政府或地产相关工作。其次，大家找工作也可以拓宽思路，找工作不仅仅局限在传统的设计院、政府部门或地产公司，实际上很多大家意想不到的公司也需要找规划背景的员工。比如咨询公司等，最近连华为都开始进入国土空间领域了，也需要规划专业背景的同学。另外，我觉得无论是即将毕业还是中低年级的同学，都需要在平时了解目前行业的动向，知道行业需要什么样技能的人，在学校时就有所准备，使自己在职场上更具有竞争力。

陈志端

采访日期：2021 年 11 月 28 日
受 访 者：陈志端（以下称受访者）
采 访 者：李佳萱（以下称采访者）

个人简介：陈志端，同济大学工学博士，国家注册城市规划师，中国城市科学研究会新型城镇
化与城乡规划专委会副秘书长、韧性城市专委会委员、健康城市专委会委员，教育部学校规划
建设发展中心专家库专家，主要研究领域为韧性城市理论与规划方法。2017 年起任教于北京建
筑大学城乡规划系，主要承担城市安全与防灾、小城镇规划、城市规划原理等理论课程及设计
初步、城乡规划设计（2）（3）（4）等设计课程，并担任规划 171 班及规划 172 班班主任。
关于韧性城市的研究起于 2011 年，在博士求学期间开始专注于韧性城市的理论与方法研究，
以复杂系统科学为理论基石，研究韧性城市发展与规划。

采访者：请您谈谈您工作以来的工作心得、主要研究类型与方向、工作主要成绩。

受访者：近几年咱们规划系发展很快，从师资力量的增长上就可以体现出来。我从本科到博士一直学的都是城乡规划，感觉我们学校很有自己的特色，从全国来看专业排名比较靠前，在北京也走出了一条独具特色的道路，比如在乡村、小城镇研究及北京对地服务方面很有特色。老师们的项目从北京老城保护、乡村规划到长城文化带保护、首都功能核心区的服务都有，能很明显感受到我们学校学科发展的特色。我自己的研究方向是韧性城市建设的理论与方法研究，从博士期间开始做这方面的研究，来到北建大后也在继续做这方面的工作。工作期间申请了一些韧性城市相关的课题，主持了关于北京副中心城市韧性的课题，参与了雄安新区的城市韧性研究课题和首都核心区的城市韧性建设课题。在我刚开始研究韧性城市时它还是一个比较小众的方向，随着近几年新冠肺炎疫情暴发、洪涝等自然灾害频发，韧性城市也逐渐成为热点和研究的主流趋势，所以我感觉能找到自己的研究方向并一直坚持下来，是一件很幸福的事。

采访者：您对学校的印象是什么？或者说您对北建大规划专业的画像是什么？

受访者：我认为咱们学校是非常有地方特色的一个传统建筑类院校，培养的都是特别务实的规划师。在学生培养方面也获得了用人单位的一致好评，设计院大多认为我们的学生基础比较扎实、工作上手很快。我认为我们还需要多培养学生的思辨能力，帮助他们更好地提升自己。

采访者：在您看来北建大规划专业相对于其他院校的特色和优势有哪些？

受访者：特色是我们关于北京城市历史文化传统的研究，优势主要在于地缘优势，使我们能够更多地承担北京城市发展相关项目、响应国家的方针政策。

采访者：您当时选择到北建大城乡规划专业工作，是出于什么样的考虑？

受访者：最直接的考虑是因为我们学校的地理位置，另外我在择业时还是倾向于选择高校，比起研究机构，高校会给人滋养与活力，在高校任职可以看到学生们一代一代的传承。如果在工作中只是用技能去换取薪水、工作经验与社会经验，可能就不会直观感受到这种时光在一个个人、一代代人身上的变化。此外，北建大的规划专业是偏传统建筑背景的规划，而不是偏地理的、偏资源、偏新工科的其他方向，与我本人的学习经历比较契合。

采访者：在专业学习过程中，师生的关系如何？

受访者：我们专业是比较传统的类似师傅带徒弟的传承关系，从低年级的设计课开始分组、分批由老师手把手去教学，感觉师生关系比较紧密，这是在其他专业比较罕见的经历。

采访者：成为硕士生导师后在选择学生方面有哪些具体要求？

受访者：态度是最重要的，希望在给到学生任务和问题时，学生愿意动脑筋去回馈。比如在给学生布置设计课作业时，同样的任务不同的学生会以不同的态度去对待，同样是找案例，有些学生会带着目标去找，有分析、有结果，这样得出的结论才能掷地有声。无论是做研究还是做其他事务性工作，我认为这种好的态度与习惯是很重要的。如果一个人内在有一种好的做事逻辑与习惯，那么他在任何工作中都可以做得很好。

采访者：北建大规划专业的学生如何更好地利用和发挥学校的地缘优势？

受访者：学生们要先找好自己的目标，想好自己要做什么，是要工作、读博、搞科研，还是要当老师。然后在奔着这个目标前进的过程中，首先要看清我们学校的地缘优势有哪些。特别是北京以外地区考过来的同学们，先尽快跟着学校、跟着老师同学们参加各种组织活动，了解一下我们学校的地缘优势具体体现在哪方面。如果想去设计院，我们学校周边就有很多不错的设计院，可以通过老师或者在院实习、工作的学长学姐去争取机会。要利用好自己师门的资源，这是很长一段时间内你在行业里的基础。

采访者：北建大作为地方高校，您认为规划专业应该如何进行在地服务、助力北京三规落地呢？

受访者：我们学校已经做得比较好了，要考虑如何做到更好的话，我认为可以把我们对政府的服务跟研究与教学进行更多衔接。比如我的导师吴志强院士在作为上海世博会的总规划师时，就带着同济大学整个教师团队和硕士生团队去做这件事。由教师带着学生去做最前沿的研究，并与国际团队对接，我觉得这是对学生的一个很好的滋养。

采访者：对即将毕业的学生就业有何建议？

受访者： 大家慎重转行，当然深思熟虑过后是没有问题的，但一定不要盲目地转专业考研或转行。规划有特别大的内涵，不要轻易放弃自己的专业，而去选择一个小水坑。研究生的话要早点把自己想做的事情想清楚，尽快了解设计院的工作状态和近两年的专业行情，要与人生中的其他选择一起考虑去决定自己未来的职业方向，如做设计、做管理、做研究等。我们行业的就业前景还是很好的，就业方向很多，除了传统的设计岗位，也可以去计算机企业做大数据分析、去做产业分析和行业分析、去做公务员等，就业面很宽，同学们要多听多看，多参与实习，也要考虑自己的性格和自己适合什么样的工作，综合考虑各个方面决定就业方向。

采访者：您对规划行业或者规划专业的未来发展如何看待？

受访者： 总体是乐观的，当然规划行业粗放发展的年代已经过去了，未来是一个精细化、分类分层的发展趋势，机会可能不会那么多了。我们行业的骨架和体量已经摆在这儿了，人才供给也趋于饱和，对现在的同学们来说应该会有一定的竞争。但未来规划行业的发展应该是有个乐观的前景，不管行业会面临什么样的改革，都还是需要掌握城市发展规律的人才去做相关工作的。

采访者：您对北建大规划专业的人才培养未来有什么期待或建议？

受访者： 标准化、体系化，我觉得这是任何一个机构走到一定程度后都必须要做的事情，无论本科生的培养还是研究生的培养上，都需要体系化的建设，我们的课程建设需要随着专业的发展做出调整。研究生的课程体系也需要进行刚性与弹性结合的管理方式，第一是要补足理论基础；第二是要加强研究方法与技巧的培养，这可能是我们学设计出身的学生比较缺失的一部分。低年级如果不打好基础，将来写毕业论文或者申请博士都会比较困难。

采访者：请您谈一谈设计院或者社会对于规划专业人才的需求，以及对毕业研究生有哪些要求？

受访者： 这些年相比过去有很明显的趋向，就是设计院更倾向于招硕士以上学历的人才。现在做设计需要更强的分析研究能力，这是社会对于规划人才的要求。不仅要有基本的知识储备，而且要在自己的研究方向上具有过硬的实力，要在自己的研究领域中有深入的探索，设计院招人已经不是为了填补基本面，而是有针对性地填补部分领域的空缺。另外在技术层面上，比如在国土空间规划、GIS、双评价方面也有特定人才要求。

采访者：目前国土空间规划改革如火如荼，国土空间规划与城乡规划学科专业人才培养的关系如何协调？

受访者：现在各大高校都在寻找方向，探讨是要"主动拥抱"还是"坚守本土"。我们需要把国土空间规划的知识继续补全一下，学习 GIS，了解三区三线的划定、双评价体系等。大家还是要对自己的专业有信心，只要有扎实的专业基础就不会被取代。

贺 鼎

采访日期：2021 年 11 月 28 日
受 访 者：贺鼎（以下称受访者）
采 访 者：原琳（以下称采访者）

个人简介：贺鼎，2011 年本科毕业于清华大学建筑学院，同年免试进入清华大学建筑学院城市规划系读博，师从全国工程勘察设计大师、北京建筑大学建筑与城市规划学院院长、清华大学教授张杰。2017 年获得清华大学博士学位，同年荣获北京市优秀毕业生、清华大学优秀毕业生称号，博士论文获得清华大学校级优秀论文一等奖。2015 ～ 2016 年赴哈佛大学人类学系访学，师从哈佛大学教授、美国国家艺术科学院院士、前欧洲人类学协会主席 Michael Herzfeld。现为北京建筑大学建筑与城市规划学院副教授，从事遗产保护与规划设计方面的研究、教学工作。

采访者： 请问在您看来北建大规划专业相对于其他院校的特色和优势有哪些？

受访者： 我觉得北建大规划专业有一个很大的优势是重视跨专业交流，凝聚了以建筑为龙头的土木工程、测绘、环境能源等多个专业。现在应用跨学科的方法对交叉领域进行研究是很重要的前沿方向，不论是大数据还是城市生态等内容都需要很强的跨专业能力，需要不同专业背景的人聚在一起，北建大发展规划专业时就很重视这方面，凝聚不同领域的专家学者，形成跨学科的研究方法和思路，应用包括遥感、测绘等新技术，利用理学院在计算机人工智能方面的优势，总的来说这是北建大规划专业很重要的优势也是未来很重要的发展方向。当然北建大规划专业还有一个优势是在遗产保护和城乡保护及更新方向，本来建筑遗产就是学校的特色，能够把遗产保护和城乡规划相结合，在主张城市更新的大趋势下也是一个非常重要的发展优势。

采访者： 请问您作为硕士生导师在选择学生方面有哪些具体要求？

受访者： 我认为学生作为一名硕士研究生首先要身心健康，相比过往已经取得的成绩，我更看重学生面对困难时克服困难和解决问题的能力，以及对知识的好奇心和探索欲，这是我认为一个优秀的做学问的人应该具有的品质。其次就是学习能力和集体观念，要有团队意识，研究生期间一个师门可能有大有小，但学生合作的能力在其中非常重要，很多时候需要甘于付出、相互成就，对于学生个人来说也是有舍有得。

采访者： 请问您认为北建大规划专业的学生如何更好地利用和发挥学校的地缘优势？

受访者： 首先就是要服务好首都规划建设，充分发挥我们在这方面的地缘优势，让学术研究能在首都规划的实际工作中得到提炼和优化。我们在城市规划某些服务全国的大方向上可能未必能做到全国领先，但是在服务首都的过程中比如获得一手资料和了解最新政策动向等方面有很大优势，在这方面进行学术研究不仅大有可为而且有比较特殊的现实意义。规划专业的学科建设本身就具有地域性较强的特点，要依托北建大同北京各区之间的战略合作，我们所做的一些项目在调研时都从合作单位处获得了许多帮助和便利。同时我个人最建议学生继续深造，读博后对于专业知识会有更深入的了解，眼界也更宽，各方面都很有优势。虽然读博确实对学生提出了更多要求，包括在一段时间内经济收入会没有那么高，但在物质条件允许的情况下继续深造是较好的选择，能开阔眼界、抓住机会，是十分宝贵的经历。

王如欣

采访日期：2021 年 11 月 28 日

受 访 者：王如欣（以下称受访者）

采 访 者：李佳萱（以下称采访者）

个人简介：王如欣，博士，北京建筑大学建筑与城市规划学院讲师。研究方向为城市更新与设计，历史文化遗产保护，城市棕地更新。2008 年本科毕业于河北工程大学建筑学院，2011 年获得哈尔滨工业大学建筑学硕士学位，2014 年获得意大利都灵理工大学建筑学博士学位。科研项目：参与科研项目 4 项，为"工业建筑遗产保护与再利用价值评估体系研究"项目主持人。

采访者：请您谈谈您工作以来的工作心得，主要研究类型与方向、工作主要成绩以及主要作品。

受访者：今年是我来北建大工作的第七年，在教学工作中，我从入校开始承担的课程主要是本科教学部分，教授过建筑初步（1）、（2），建筑设计（1）、（2），数字化设计，城市规划专业选题——城市设计，城市规划专业选题——乡村规划，城乡规划快题设计，以及专业英语及传达等。目前承担中外城市建设史和建筑设计（1）、（2）等本科二年级课程。针对本科二年级同学的教学更多是帮助大家建立建筑学基础，为后续学习做铺垫。在研究方向上，我主要的研究方向是城市更新和城市设计，也有一些工业遗产保护及更新方面的课题，未来我也将在科研方面继续发力。除此之外，因为我毕业于意大利都灵理工大学，因此会负责一些学校国际交流活动的联络、组织工作。

采访者：您对学校的印象是什么？或者说您对北建大规划专业的画像是什么？

受访者：首先，在 2014 年年末第一次来到北建大时，学校古朴的环境、浓厚的学术氛围让我觉得这个学校是非常低调的，同时在学校里又展开着非常多的项目和研究，因此，我认为能来到这个学校工作是十分理想的。进入学校工作之后，学校中的前辈教师都十分优秀，大家的实力都非常强，可以说是"八仙过海，各显其能"，这也激励了我在北建大尽自己所能来教书育人，同时这也是自我提升的过程。

采访者：在您看来北建大规划专业相对于其他院校的特色和优势有哪些？

受访者：北建大位于北京二环，具有很优越的地理位置优势，周围有很多一流的规划设计单位，因此校企合作的机会也很多，这是其他学校望尘莫及的一大优势。同时，因为以上的优势，能吸引更多的优秀人才，包括优秀的教师以及优秀的生源，我也相信北建大能够通过这种良性循环发展得越来越好。

采访者：在专业学习过程中，师生的关系如何？

受访者：总的来说师生关系是十分融洽的。从刚刚进入学校到现在，师生关系的融洽度是不断上升的，尤其是教学进入到一定的阶段后，对每一届学生特点的了解，也能让我对师生关系有更深的理解和认识。城乡规划设计其实更多的是手把手教学，会形成师徒性质的关系，我认为这能让学生更有针对性地学习，在教学相长的正向学习中，形成融洽的师生关系。

采访者：北建大规划专业的学生如何更好地利用和发挥学校的地缘优势？

受访者：根据学生对未来规划的不同，可以以不同的方式来利用学校的地缘优势。比如一些外地同学想要在学成后回到自己的家乡，那么他们就可以在学校期间多了解并参与一些北京及周边区域的实践项目，结合首都的城乡建设为自己回到家乡后进行规划工作奠定基础，提供参考。如果是想要留在北京发展的同学，除了参与一些在地学习和项目之外，还可以去了解一下各大设计院的特点，找到适合自己的道路，更有目的性地学习。

采访者：北建大作为地方高校，您认为规划专业应该如何进行在地服务、助力北京三规落地呢？

受访者：目前，北建大在这个方面已经做得比较好了，在张大玉校长的带领之下，我们学校同北京市各级政府、机构建立了良好的合作关系，学校主要以团队的形式与各级政府展开合作。同时我校很多老师都主动承担了责任规划师工作，覆盖朝阳区、海淀区、西城区等，进行在地服务、助力北京"三规"落地。

采访者：对即将毕业的学生就业有何建议？

受访者：首先，读研是一个潮流，很多学生都希望能够继续深造，提升自己在学科认识的深度和广度。其次，不论是毕业直接就业还是读研的同学，都可以选择去南方看看，江浙沪一带的规划实践是走在国内前沿的，也能开阔大家的视野，同学们只有多走多看多实践，专业水平才能得到提升。

采访者：您对规划行业或者规划专业的未来发展如何看待？

受访者：关于规划行业未来的发展，平时老师们也会探讨这个问题，当前出现的很多新技术对规划行业产生了比较大的影响，比如华为加入国土空间规划，这些都会影响行业的发展。因此，规划人要经常问问自己，我们的核心竞争力是什么，我们在这个行业的位置在哪里。对于年轻的学生们来说，一定要多接触和掌握新技术、新软件，技多不压身，能够提升自己的行业竞争力。

采访者： 您对北建大规划专业的人才培养未来有什么期待或建议？

受访者： 目前我们本科的人才培养体系各年级之间划分比较明确，我有一点不成熟的想法，就是希望能够打破年级的壁垒，形成师徒制。根据每个老师擅长的研究领域，形成一些固定专题和一些专业团队，来组织学生进行学习，不同研究方向的老师给予学生针对性的指导，不同年级的学生之间也能够更好地守望相助。

采访者： 请您谈一谈设计院或者社会对于规划专业人才的需求，以及对毕业研究生有哪些要求？

受访者： 我认为不论是设计院还是设计公司，大家首先要精通各类软件，软件是我们专业工作的必备技能。其次就是要了解和把握规划行业的大趋势，包括乡村振兴和城市更新等，大家在校期间要多做这方面的项目或竞赛练习，为参加工作奠定基础。

采访者： 目前国土空间规划改革如火如荼，国土空间规划与城乡规划学科专业人才培养的关系如何协调？

受访者： 我认为目前国土空间规划体系及具体实施还在实践和摸索中，作为城乡规划学科的老师，从我个人来讲希望参与到这个过程中，从实践项目中汲取经验，深入了解国土空间规划的发展，以实践促思考，以便于将我的所学更好地应用于规划专业教学。

李振宁

采访日期：2021 年 12 月 1 日
受 访 者：李振宁（以下称受访者）
采 访 者：吕虎臣、周原、康北、王晨（以下称采访者）

个人简介：李振宁，男，北京建筑大学建筑与城市规划学院讲师，中国工艺美术协会玻璃艺术委员会委员，中国国家画院玻璃艺术研究所学术研究员。2007 年本科毕业于清华大学美术学院，2010 年硕士毕业于清华大学美术学院。研究方向为玻璃艺术设计与实践，工艺美术设计与理论研究，非遗与文创创新设计。2018 年获得当代玻璃艺术三年展优秀奖，2020 年获得中国工艺美术创新作品展金奖。作品公共收藏于中国工艺美术馆、上海玻璃博物馆、醴陵陶瓷博物馆、秦皇岛玻璃博物馆、德国 AlexanderTutsek-Stiftung 博物馆、美国 CORE 3 协会、韩国首尔 Skol 艺术基金会。

采访者：您作为非规划专业课程的讲师，是否可以介绍一下来北建大以前的一些经历和研究方向？

受访者：我的主要研究方向是现当代工艺美术创新设计及非遗技艺保护与创新研究，经过前期的工作，主要成果基本是以实践形式体现，如参加全国工艺美术展、当代工艺美术双年展、国外的艺博会和设计艺术节等等，并在上海玻璃博物馆和荷兰GK画廊举办了两次个展，于2020年获中国工艺美术创新大赛金奖，作品也被国内外公共博物馆及机构收藏。

采访者：您作为非规划专业课程的讲师，在教学过程中，您是否有过迷茫、困惑或者开心与乐趣？迷茫和困惑的解决方法是什么？

受访者：自来到北京建筑大学建筑与城市规划学院工作以来，整体还是很充实和快乐的，尽管其中也会遇到不同的疑惑和挑战。在建筑学院我负责的是大一、大二年级的美术教学，由于建筑学院的学生绝大部分没有美术基础，但是美术在建筑设计专业中又很重要。所以对我而言就是得让学生具有这方面的能力，因此需要付出诸多努力和尝试，但每当看到同学们取得进步，或是作品入选展览、获奖，对我而言都是作为老师得到的极大鼓励和认可。

在教学过程中，我遇到过很多的难题和挑战。当然，这中间是包含迷茫、困惑和快乐的，这需要老师更多的耐心和尝试不同的教学方法去启发同学，甚至可以在与同学踢球的过程中去交流。

采访者：您在北建大城乡规划专业的教学经历给您的深刻影响在哪里？收获有哪些？

受访者：我一直觉得学校是一个充满温情和情怀的设计师聚落，而对于接触过的规划专业的老师和同学，我印象中总是会呈现出几个关键词：阳光、积极、激情。我对规划专业不是太了解，我只能说希望同学能加倍珍惜在北建大学习的时光，这里有良好的学习氛围和老师的悉心指导，同时学校地处北京，具有极好的地域优势，也希望同学能积极参与到社会实践项目中去，使自身能力得到更大的提高。

采访者：在您看来北建大规划专业相对于其他院校的特色和优势有哪些？

受访者：北建大是一所专业特色相当突出的学校，这点毫无疑问。其对应建筑相关行业的需求和趋势所设置的专业课程和获得的支持是很多院校不能相比的，同时结合学院多年的教学经验和优秀传统，以及同学自身的努力，共同所作出的成绩也使得北建大得到了社会的极大认可。

刘 玮

采访日期：2021 年 11 月 18 日
受 访 者：刘玮（以下称受访者）
采 访 者：刘思宇、王晨（以下称采访者）

个人简介：刘玮，国家注册城乡规划师，北京大学博士后，获重庆大学学士、硕士、博士学位，在 2011 年 9 月 ~ 2012 年 9 月，作为英国卡迪夫大学（Cardiff University）城市与区域规划学院的访问学者，研究新制度经济学与城市规划。2016 年 7 月 ~ 2018 年 7 月，在北京大学城市与环境学院开展博士后研究方向为城市设计、社区更新。在北京建筑大学任职城乡规划设计讲师，主要研究方向为城市与区域规划、城市设计、社区更新。曾是我国城市风貌特色调查研究"城市特色风貌区遴选的评价标准研究""城市特色风貌区治理体系研究"的主要负责人。

采访者：请您谈谈您工作以来的工作心得、主要研究类型与方向？

受访者：我主要进行乡村规划相关的研究，在校教学课程也主要是乡村规划设计这类方向。乡村规划受到社会、经济、科技等长期发展的影响，而且乡村自身已经暴露出很多问题了，因此在制定乡村规划时，要根据乡村的资源条件、现有生产基础、国家经济发展方针与政策，以经济发展为中心，以提高效益为前提。要实行长远结合，留有余地，反复平衡，综合比较，选其最优方案。就目前乡村发展情况而言，我认为乡村还应该重视本土特色的挖掘和自身历史沿革的承续，丰富其内涵。

采访者：在您的教学过程中，您是否有过迷茫、困惑或者开心与乐趣？迷茫和困惑的解决方法是什么？

受访者：自从入职为教师以后，对很多问题和知识的挖掘变得更加详细、深入和全面，不仅要自己明白，还要向同学们讲述清楚，这也是一项非常大的思想转变。而且在从事规划行业这段时间以来，我认识到学到的理论知识应该更加深入地与现实情况相结合，哪怕在做设计课程中也需要更多地考虑现实，不能将一些空泛的概念或理论强加在规划方案上。

采访者：您对北建大规划专业的人才培养未来有什么期待或建议？

受访者：面向国土空间规划改革，针对我国城乡社会发展的阶段性特征和当前国家及社会对城乡规划人才培养的要求，学校应培养具有国际视野、强烈社会责任感、较强的知识更新能力，掌握前沿技术能力、较强社会沟通能力与技巧等综合素质的高端城乡规划人才。最重要的是，作为规划师应时时提升自身素养，注重自身应有的责任感和价值观，不仅应以专业的技能、全心全意的服务精神求得生存，还应尊重历史、设计未来，怀着对人民负责的责任感，当好城市政府的"参谋"和广大群众的"代言人"。

王 婷

采访日期：2021 年 11 月 15 日
受 访 者：王婷（以下称受访者）
采 访 者：吕虎臣、陈尼京、王鹭（以下称采访者）

个人简介：王婷，北京建筑大学建筑与城市规划学院讲师，注册城市规划师，2016 ~ 2020 年
就职于中国科学院地理科学与资源研究所，博士后、助理研究员，2020 年 9 月入职北京建筑大
学。长期从事城乡规划与设计、区域规划、生态节能规划与设计、旅游资源与开发等工作。主
持北京社会科学基金 1 项，主持地方标准 2 项，于 SSCI、SCI、CSSCI、CSCD 等期刊发表
学术论文 16 篇，出版学术专著 1 部，参加国家自然科学基金、社科基金、文化和旅游部等省部
级科研课题 12 项，主持和参与了不同空间尺度的城乡规划、旅游规划实践项目 30 余项，撰写
省级级研究报告 12 项，获得省部级奖项 3 项。

采访者： 请您谈谈您工作以来的工作心得、主要研究类型与方向、工作主要成绩以及主要作品。

受访者： 作为一名刚入职一年的新老师，我还有很多需要学习的地方。比如，如何把知识教给学生，如何让学生能听懂能掌握，如何让他们从专业和兴趣爱好双向拓展，我的带教老师荣玥芳老师还有其他同事们给了我很多很好的建议，非常感谢他们。我的主要研究方向是城乡规划与设计以及旅游规划与设计。工作成绩方面，在教学上，我所带的毕业设计组获得园冶杯荣誉奖、发展中国家建筑设计大展银奖，还有一名同学荣获校级优秀毕业作品；作为第二指导教师指导学生获得 WUPENICITY2021 城市可持续调研报告国际竞赛金奖。在公共服务上，参与了学科评估、研究生教育评估、申请博士点等工作，通过这些工作我也加强了对学校的认知。在科研上，入职后一年发表 1 篇 SSCI（旅游管理顶刊）、1 篇 CSCD，获得北京市社科基金 1 项、校级资助项目 1 项、科研单位委托专项研究 2 项。

采访者： 在您看来北建大规划专业相对于其他院校的特色和优势有哪些？

受访者： 我认为北建大规划专业相较于其他院校的特色和优势主要来源于北京的地缘优势。一是吸引到良好的师资，国内外顶级高校毕业老师为北建大规划系的发展注入了"新鲜血液"；二是有首都功能核心区、雄安新区、首都周边、京津冀等较为独特的实践项目，为学生带来较高较宽的视野；三是校区的区位优势，毗邻住房和城乡建设部、中国城市规划设计研究院等专业方向的职能部门和企事业单位，为学生实习、交流带来了便利；四是良好的生源是北建大规划专业发展的根本基础。

采访者： 您当时选择到北京建筑大学城乡规划专业工作，是出于什么样的考虑？

受访者： 选择到北建大规划专业工作，出于三方面的考虑，一是北建大坐落于北京，这种地缘优势具有强烈的吸引力；二是北建大规划系具有自身发展的魅力和潜力——"老八校"之外最具发展潜力的院校之一；三是北建大各个专业的发展势头带来的助推力，学校的蓬勃发展代表着校风、学风建设的正能量，这种向上的氛围是我所向往的。

采访者： 您对城乡规划专业的新生以及在校学生有什么建议？对即将毕

业的学生就业有何建议?

受访者: 对于新生和在校生,主要是要多读书、勤思考、多交流,扎实地掌握专业基本功、锻炼良好的心态和体魄,逐渐建立起规划专业的系统性思维、独立思考能力和自主学习能力。对于即将毕业的学生,建议在选择就业的时候,不要只顾眼前的利益得失,要注重"上升通道"的考量,毕业就业不意味着"一劳永逸",而是要不断加强学习、持续学习,关注专业、行业、领域的发展和前沿动态;在未来工作中遇到困难的时候能够以良好的心态积极应对,向上向善,无论何时都不要放弃理想和内心的坚守,规划人要"端持规矩,慎划方圆"。

祝 贺

采访日期: 2021 年 11 月 12 日
受 访 者: 祝贺 (以下称受访者)
采 访 者: 姚艺茜、陈一涵 (以下称采访者)

个人简介: 祝贺, 北京建筑大学建筑与城市规划学院讲师, 华南理工大学城市规划学专业学士,
清华大学城市规划学硕士, 清华大学城乡规划学博士。师从尹稚教授、唐燕教授。研究方向为
城市设计管理与治理、城市更新制度与政策、城市治理理论。2020 年起任教于北京建筑大学建
筑学院城乡规划系, 参与一年级、三年级设计课教学, 主讲城市设计理论与方法。主持国家自
然科学基金青年项目 1 项, 主持伦敦大学学院访问研究项目 1 项, 参与国家自然科学基金面上
项目、住房和城乡建设部重大科技攻关与能力建设项目以及北京市社会科学基金重点项目、重
大项目等多个国家级和省部级项目。

采访者：请谈一谈您工作以来的心得体会以及您目前的研究方向？

受访者： 我的研究方向主要是两块：其一是城市设计的管理和治理方面的研究。纵观城市设计的角色演变历程，已不再是单纯的空间组织工具，当前的城市设计更多的应是作为一种公共政策去落实空间管控。除了刚性的管理之外，国家还能用一些政策工具和政策手段，去实现政府对于物质空间环境建设的政策目标。举个关于空间定容的研究例子，为了更好地统筹整体的效益，要考虑到各种行为的负外部性影响，如一些地区现在增加了很多人，会对其基础服务设施、公共服务设施（医疗服务、教育成本⋯⋯）等各方面产生压力，延伸出一系列的建设压力和财政压力，所以需要在增加的总量和产生的突发预算之间寻找一个最优的点，以此来平衡、统筹整体的城市建设行为，这也是我目前在做的主要工作。其二是城市更新，在学生时期，我就着手研究了城市更新的一些基本制度，城市更新作为一种理念，是需要有制度支撑的。所以在研究初期，我做了大量关于上海、广州、深圳等城市的城市更新基本制度和其背后的更新机制的研究。在工作方面，在我来到北建大这一年多的时间里，前期主要负责学科评估和申博士点等工作。2021年我开始做一些项目和研究，包括一个国家自然科学基金研究项目和暑假期间开展的西四大街城市更新改造项目以及其他的一些小项目。

采访者：从您个人出发，对北建大的印象和对规划专业的画像是怎样的？

受访者： 我家就在北建大附近，读书期间回家的时候经常能看到这个学校，对北建大就有一种亲切感。另一方面，我家里主要从事建设相关领域的工作，包括城市规划相关、市政设施等，家人对北建大的评价也都比较好，当时觉得北建大这所学校也涌现出很多杰出校友，不管是在北京市的实际工程建设当中，还是在建设管理的岗位上都有很多人才。所以整体上对学校的印象还是很好的。

采访者：您对北建大规划专业大概是什么印象？在学科发展方面您有怎样的期许？

受访者： 在全国各个高校快速发展的情况下，竞争很激烈，北建大的压力很大但是优势也很突出。学校的师生们也很重视本科评估排名，都希望学校能越做越好。同时，我也希望在学科建设方向上能够形成团队力量，然后大家在这个共同的方向上围绕着某一个方向或者目标在学术建设、产出、实践上共同努力，塑造北建大规划专业在整个行业的核心竞争力。当前学校的一些年轻老师们都很厉害，大家可以在学术、科研方面共同出力。

采访者： 您觉得北建大的规划专业相较于其他院校的特色和优势主要在哪些方面？或者说我们现在的学科竞争力是什么？

受访者： 北建大是属于传统建筑类高校。不像人民大学是以社会、经济、政策等为导向来开展研究，也不同于武汉大学以地理为主的院校。北建大的强项是在空间形态和城市详细设计以及老城更新改造、建筑保护、历史街区的城市设计和规划等方面，但是目前竞争优势并不突出，还需要大家一起努力，更好地去开展学科建设工作以及学科研究。尤其老城保护及物质空间设计是北建大长期以来的优势方向，应该沿着这个方向继续向前不断发展，将其作为学科建设的一个重要发力点。

采访者： 当时您来北建大工作是出于什么样的考虑？

受访者： 首先，选择来到高校工作是出于对于学术的热爱以及对成为一名教师的期待，我觉得教书做学问很好。而选择来到北建大，一方面是出于我个人的家乡情结，我的家在北京，所以我选择继续留在北京；另一方面是在北京建筑领域的高校中，北建大确实是我当时最好的选择之一。

采访者： 您对研究生有什么要求？您觉得北建大的研究生需要哪些基本素养？

受访者： 学生时代，我的导师就曾强调高校应该培养"帅才"。"帅"和"将"是有区别的，"帅"的眼光和定位要更高。不谋万事而不足以谋一时，要先能够眺望远方，继而才能更加有方向感地脚踏实地，向着目标不断努力前进，得到一些成果和进展。如果一开始的目标定得很低，那最后能得到的结果只会比预期更低。所以对学生来说，提高自身的视角和眼界是开始学业的关键一步。在专业学习方面，首先是对于专业的基本知识，要有扎实的基本功，要具备一定的规划素养，这是支撑未来的科研、项目的重要基础。第二就是对这个学科要有感兴趣的方向，任何感兴趣的方向都可以。我以前的老师也是提倡"天高任鸟飞"，放开手让学生更自由地去探索、发挥，愿意做哪个方向都可以，甚至不在这个行业内，在一些规划学科引申出来的行业也行。学生可以选择自己喜欢的方向，或者选择自己觉得是学科发展前沿的方向，当然也要充分考虑实施的可行性。

采访者：您觉得目前学科发展前沿有哪些比较重要的方向？

受访者：方向很多，有宏观的、中观的、微观的，也有历史的、传统的，还有新技术方面的，都有可以钻研的地方。这个学科就像一个圈一样，你站在中间或者偏一点的地方肯定不知道往哪边走，只有到圈的边缘，你才能找到破圈之路，也才能把圈里面搞明白。

采访者：北建大相对来说有一个地缘优势的存在，您觉得可以如何利用和发挥首都北京的地缘优势？

受访者：地缘优势确实是北建大的一种资源，但是其实我们应该更加辩证地去看待"资源"本身，只有合理地利用资源才能将资源的价值最大化。所以学生应该好好利用这种优势，利用周边好的环境，包括周边的科研机构、高校、学术讲座等。此外，懂得选择也是很重要的一点，要有选择地听讲座、参加学术会议，有方向地投学术成果，其实就是学习要有主心骨。

采访者：北建大作为地方高校，您认为北建大应如何更好地实现在地服务？更好地助力北京三规建设，在城市层面做出规划概念？

受访者：打铁得自身硬，北京的高校或建设团队很多，为了更好地助力北京三规建设，北建大首先要提高自己的科研、技术水平，培养优秀的团队，不论是在理论层面还是实践层面都要往下深扎，努力形成自己的核心竞争力。

采访者：您对未来的规划专业新生和在校新生有什么建议？比如就业导向，未来的发展方向，职业选择等，现在也有很多跨界的职业选择，您鼓励这种跨界吗？

受访者：鼓励跨界。城市规划本身就是交叉学科，例如吴良镛院士写的《人居环境概论》中也提到城市规划相关联了一圈的其他学科，包括社会学、经济学、信息技术等。学生可以在交叉学习过程中，找到喜欢的方向，同时也是找到一个增长领域。

采访者：对于在校学生，您对他们的日常学习有什么建议吗？

受访者：多看、多写、多想、多交流、多总结。不能在写一个方向的时候，都没读过几篇相关文章、几本书，不知道研究方向主要的几个学者，最主要的结论是什么。这是在看方面。而在写这一方面，要学会怎么简洁地说明白一件事。我以前在写作方面也弱一些，后来一遍遍写、改，老师说就改。不停发论文，不停思考，不断总结，写作才能有进步。这也是我对学生的期待。在基础教育阶段，城市建设史和城市规划原理是最重要的两门课，也是我们做学术研究的基础知识。规划也可以结合其他方向，例如地理方向，我本人以前做过关于热岛现象与城市规划相结合这个方面的论文。在学术研究中，主要有两个思路来展开研究，首先可以依托于老师的项目和课题；其次是有自己感兴趣的点，挖掘新的方向。

采访者：您对北建大规划专业未来人才的培养，还有哪些建议？

受访者：除了邀请校外的专家来校分享交流之外，建议北建大校内的老师可以多开讲座，让学生知道在学校里应该做什么，学哪些东西，多增加校内交流。

采访者：对国土空间规划有哪些看法？

受访者：国土空间规划本身是技术整合的需求，是在一张图中调整冲突解决技术性问题。这并不意味着传统规划理论不再适用，学科发展是有自己判断和标准的，多规合一的背景下规划的本质没有变，规划的任务也没有变。

孙 喆

采访日期：2021 年 11 月 21 日

受 访 者：孙喆（以下称受访者）

采 访 者：陈一涵、姚艺茜（以下称采访者）

个人简介：孙喆，男，副教授，硕士生导师。清华大学建筑学学士，北京大学人文地理学博士，瑞士联邦理工学院（洛桑）（EPFL）访问学者。现为中国风景园林学会文化景观委员会青年委员，国际城市气候学会（IAUC）会员。主要研究方向为数字技术支持的国土空间规划理论与方法、景观规划设计及其理论。主持国家自然科学基金项目（编号 52008016）、北京市人文社科基金项目（编号 19GLC065）等研究课题 10 余项，在 *Transport Policy*、*Journal of Housing and the Built Environment*、《城市发展研究》《国际城市规划》等国内外期刊发表学术论文 10 余篇。

采访者：请您谈一谈工作以来的心得体会以及您目前的研究方向？

受访者：我在北建大工作已经 6 年了，这几年来，北建大一直呈现一种欣欣向荣的发展状态，最近几年建筑与城市规划学院也在不断扩张，在学科发展、专业建设方面也都取得了很多好成绩，建筑、规划、风景园林三大专业都是一流专业了，市里、部里都对我们比较重视，而且新入职的年轻教师们学术水平也都特别高，我们现在还是处在一个上升期。我个人的研究方向是建筑、景观和规划都有所涉及，我本科读的是建筑学，硕博读的景观和人文地理城乡规划，和目前的国土空间规划的转向也是有一些衔接的，因此我的研究方向其实主要偏景观规划和国土空间规划这一块。

采访者：请问您对北建大的印象和对规划专业的画像是怎样的？

受访者：以前读书的时候，我就知道北建大的建筑专业还是很强的，出了很多大师和优秀的校友，但了解不是特别深。来到这边工作后慢慢有了一些更深刻的印象，整体来看北建大实力很强、教学与研究很扎实。这不是说克服了多少"卡脖子"的高精尖创新突破，而是对一些基础的问题，包括一些北京当地的问题、城乡建设领域的核心问题，开展了非常扎实的工作。北建大的师生经常会去推动一些很接地气、很实际的工作，为不同时期城市面临的不同层面的问题，尤其是北京的城乡建设做了很多工作。另外，北建大规划专业的优势和强项还是非常明显的，在遗产保护、村落研究、城市更新等方面都很不错。现阶段也在通过人才引进、新平台建设等，在理论规划、设计实践等方面展开很好的工作，我非常看好规划专业未来的发展。

采访者：您对北建大规划专业大概是什么印象？在学科发展方面您有怎样的期许？

受访者：当前正好是国土空间规划的转型期或者改革期，确实对规划行业，特别是北建大这种建筑类高校的规划学科提出了一个问题——如何在转型期更好地适应现状，适应趋势和发展，同时做出自己的特色。生态文明建设是一个大的背景，从党的十八大、党的十九大到最新的很多论述，其实都是非常明确的，所以传统的规划体系确实要进行一些改革，但是改革也不是把过去的全部抛弃掉，而是梳理核心的技术体系或者学术理念，凝练出优秀的理论。我觉得如果贡献几个经典的理论模式，我们是有条件能做到的。正好也是学科建立 20 周年，北建大也要做一些工作和改变来适应未来的发展，这是我的一个期待。

采访者： 您觉得北建大的规划专业相较于其他院校的特色和优势主要在哪些方面？或者说我们现在的学科竞争力是什么？

受访者： 北建大的规划专业是从自己的建筑学科延伸发展形成的，主要结合了北京本地的城乡建设历程开展了很好的学科建设，所以我觉得主要的竞争力体现在以下几点：第一，对小尺度的空间设计有着扎实的基础，我觉得这个是比较关键的；第二，结合北京当地的一些特色和我们学校本身的发展方向，在遗产保护、城市设计、城市更新等方向，形成了自身比较明显的特色和优势；第三，我们学校的建筑类相关学科体系非常大，包括测绘、土木、交通都非常强，规划专业目前也在进行一些跨专业、跨学科、跨学院的工作，这是一个很好的优势。我觉得如果从这三个点往下深扎、不断提升，应该会有比较好的发展。

采访者： 您为什么选择来北建大工作？

受访者： 选择来北建大工作是因为我本科时候就对北建大有所了解的，也知道北建工已经改名了叫北建大，在北京地区也算是非常知名的学校，而且相关的专业实践工作也非常扎实，所以当时这边有这个机会我就过来了。此外，最近这几年很多优秀老师的加入让我觉得自己的这个选择还是挺对的。

采访者： 您对研究生有什么要求？您觉得北建大的研究生需要哪些基本素养？

受访者： 第一，因为研究生马上要做学术研究，可能在本科期间大多数都是做设计出身，所以还是要多去理解一些理论的发展过程，然后归纳和总结，继而凝练出一些新的内容，同时也要注重提出一些创新的方法，我觉得这是对学术方面的要求。第二，要有一定的实践能力，未来不管是从事管理，还是规划设计一线甲方乙方，都需要实践能力，需要在社会中推动空间、机制各方面的工作落地。可能研究生毕业之后就开始负责一些小型的项目，我觉得如果能完成这个工作，其实就代表你的实践能力是经得起市场和社会考验的，所以在研究生期间也尽可能抓住锻炼的机会。我们可以先从小型的项目开始入手。笔力也是很关键的一种能力，对于刚进入研究生阶段的学生，手上的功夫主要是体现在画图上，但是文字上的功夫我觉得也很关键，需要在研究生期间着重培养和提高。目前来看，我发现学生们在这块是有短板的，可能因为以前主要是画图做设计。写作也是需要大量的练习过程的，其实可以回忆一下是怎么学设计的，在高中的时候也没学过设计，然后你上大学之后肯定也是从读东西开始，看别人的方案，然后动手画草图、描方案，同时自己思考了很多，这样才会在设计方面有所进步。所以文字也要多写，老师的课程安排论文，就认真完成，不要出现学术不端问题，哪怕是平时的作业也不要去选择走那些不正确的"捷径"。认真写，多听多练，多参加会议，有会议就去投一投，这样写作水平也会有所提高。

采访者： 您对在校学生的日常学习有什么建议吗？

受访者： 从我自己的经验来说，我觉得有两类方法值得采用。一类是对理论进行思考演绎，就是你在读理论和文献的时候，会发现第一位学者说了什么理论，然后第二位又说了什么理论，第三位学者又在第二位学者的理论基础上说了什么理论，就可以慢慢地梳理出学术发展的脉络，凝练出一些关键的核心理念，再结合一些现状和实践当中的问题，或者说理论本身的一些问题提出一些创新点。还有一类是从实践中发掘问题。从实践中来到实践中去，哪怕在你日常生活当中，或者平时做的作业、参与的一些实际项目当中，也能看到一些问题，然后以这些问题为导向出发，也能提出一些可以突破的创新点。当然，其实最关键的一定要有一个不创新不罢休的心态，一定要想出一点儿不一样的东西。从这个角度上，我希望学生们要对自己要求高一点，但是也不是说要好高骛远，哪怕一点点创新其实就可以，但是完全没有创新，那是不可以的，我们大家一定要这根弦。

采访者： 您对北建大规划专业未来人才的培养，还有哪些建议？

受访者： 人才培养是一所高校最根本的事，不论老师做了多少项目，或者拿了多少奖，这些都是次要的，只有培养出好的学生，让他们更好地为社会发展作出贡献，我觉得才是最根本最核心的。我觉得北建大一直非常重视人才培养，不论是对本科还是对研究生的教学都非常重视，如果要更进一步提高的话，我希望能在本科生的教育中更加注重学科基础教育的内容，同时要提升他们对一些问题的研究能力。其实这种开放性的、研究性的课程，也是学校自身水平和档次的体现。我当时读本科的时候，学校就开了一些研讨课，要求学生在本科期间就要像研究生一样研讨问题，自己提出研究框架做分析，最后形成一些结论。其实一些兄弟院校，包括我们学校的其他专业，在本科期间就让学生进研究组，以此来提高学生的科研能力。

对研究生来说，我觉得要有一点学术品位了，做的东西要有创新，这是第一位的。第二点就是创新一定是实实在在的，一定是对学术理论的发展和前进有意义的。另外，设计和研究的关系也需要好好把握。我认为，设计重于研究的培养方式可能会逐渐改变，未来的话可能是两者并重或者是偏向研究性的设计。当你面对城市更新这些实践时会面临大量的问题，可能有社会学的、管理学的，不光是空间层面、美学层面的一些工作，有大量的研究性工作要做，需要大家很快地去适应和学习。

李 浩

采访日期：2021 年 11 月 12 日

受 访 者：李浩（以下称受访者）

采 访 者：张宇廷（以下称采访者）

个人简介：李浩，博士，教授，北京未来城市设计高精尖中心研究员，中国城市规划学会城市
规划历史与理论学术委员会委员。主要研究方向为中国现代城市规划历史与理论、北京城市规
划史。代表性项目：①主持：国家自然科学基金面上项目（批准号：51478439），城乡规划理
论思想的源起、流变及实践响应机制研究——八大重点新工业城市多轮总体规划的实证，2015
年 1 月～2018 年 12 月。②主持：国家自然科学基金青年基金项目（批准号：51108427），
生态城市建设的区域响应机制及空间规划调控——以京津冀北地区生态新城建设为例，2012 年
1 月～2014 年 12 月。③主持：国家社会科学基金重大项目"新中国成立以来中国共产党城市
建设思想文献挖掘、整理与研究"（批准号：19ZDA014）之子课题二，1949～1978 年中
国共产党城市建设思想文献挖掘、整理与研究，2020 年 1 月～2024 年 12 月。

采访者：您对我们学校或者是专业发展前景的看法是什么？

受访者： 对于我们学校来说，在前几日院士临我校的座谈会当中。我校党委书记说到一句话，"我们学校是身处核心区，手捧金饭碗"，我们学校的地缘优势在北京非常突出。在北京的院校，如北京大学与北京工业大学等也有规划专业，但与北建大规划专业的特色不同，我们有更好的建筑学环境，能够多学科配合。这些都是属于我校的有利条件。2020 年蔡奇书记提到北建大是培养未来规划师、设计师、建筑师的摇篮，办学直接关乎首都规划建设。蔡书记的讲话中规划是放在第一位的，可以见得对我们学校规划专业的期望很大。当然，作为规划专业要认识到与建筑专业的差距，不断发展。发展的主要问题就是要提高科研能力。因为原来我们注重的是城市设计，设计做得不错。但是做到研究之后就不太容易上台阶了。这是个瓶颈，不是一时半会就能够改变的，需要长期努力。希望我们学校能够随着整个首都的形势变化，发展得越来越好。

采访者：您对规划行业或者学校的教学有什么期待或建议？

受访者： 我的期待就是希望我们规划专业的博士点申请能够早日成功，这是我们很多人都盼望的。

采访者：建大学子要如何利用北建大良好的地缘优势？

受访者： 正如刚刚所说，我们学校的地缘优势在于地处首都，希望我校能够加强人才培养，突出创新，产学研结合等，这些都需要长期的努力。

乔 鑫

采访日期: 2021 年 12 月 12 日

受 访 者: 乔鑫（以下称受访者）

采 访 者: 张宇廷（以下称采访者）

个人简介: 乔鑫，男，北京建筑大学北京城市保护与更新研究院专职研究员，高级城市规划师，注册城乡规划师。天津大学专业型硕士校外导师。研究领域为城市设计、乡村规划、高校规划、城市更新、景观与规划结合的设计实践。代表性科研成果有住房和城乡建设部"十三五"规划教材《乡村规划原理》（章节负责人）；住房和城乡建设部《公共空间营造手册》（项目负责人）；北京市《关于更新立法涉及重要问题的专报》（主要参编人）；北京市城市更新专项规划政策研究专题（主要参编人）。

采访者：请谈谈您工作以来的工作心得、主要研究类型与方向、工作的成绩以及主要的作品。

受访者：我本科就读于北京林业大学，2004 年毕业。硕士和博士阶段就读于同济大学。我的研究方向主要有两个：一是城市设计，二是乡村规划，我的博士论文就是乡村规划方向。城市设计领域，我参与了雄安新区、通州副中心、大兴机场等国家重点项目；还跟博士时的导师参与了"十三五"规划教材《乡村规划原理》的编写工作。

采访者：您对北建大的印象是什么？或者说您对北建大整个规划专业的画像是什么样的？

受访者：我觉得是这样，我本科包括硕士、博士都没有就读于北建大，但是因为我家是北京的，所以要说对北建大的印象其实特别早。在九几年我读初中那会流行学乐器，我是跟着中央音乐学院的一个教授学，当时就知道他的儿子在北建工。后来工作之后，又有好多的同事也是在北建工毕业的。画像我觉得还挺清晰的，立足北京，依托于实践培养学生。另外可能生源的构成比例中北京生源会更多一些，所以跟别的学校比，比如北京林业大学当时我们一个班 32 个学生，只有 4 个北京的，我们 3 个规划班，有的班毕业后可能就三四个人留北京，其他就去祖国各地了。我觉得北建大的学生毕业后大部分留在北京、服务北京。扎根北京的画像或者定位其实是特别清晰的，这是我对咱们学校的一些理解。

采访者：在您看来北建大的规划专业相对于其他院校的一些优点和优势在哪些方面？

受访者：我觉得北建大有很多科研课题都是紧密围绕北京城市发展和实际需求的，可能这方面跟别的学校会有一些不同。而这种紧密的连接，其实与西城校区的地理优势密不可分，我们整个学科的体系、产业链都是依托于这个空间区位在发挥效能，这是北建大一个特别宝贵的资源。

采访者：您当时选择到北建大工作是出于什么样的考虑或者是意向？

受访者：我目前在高精尖中心的北京城市保护与更新研究院任专职研究员，大的背景是在蔡奇书记视察学校后，落实"服务三规落地"的要求，我们在学校的大力支持下开始组建这个团队。

采访者：您对即将毕业的，不论是本科生还是研究生，有什么建议？

受访者：先说说研究生吧，研究生其实是一个选择的节点，因为硕士毕业有两个大的选择方向，一是你继续读博，另外一个就是去工作。因此，得判断一下未来的发展方向，因为这两个方向是截然不同的，人的职业生涯很长，25岁毕业，到65岁还能工作40年，但是其实当你选择某一条路的时候，你的职业生涯、你人生的节奏就会比较明确。如果读博，比如说4年毕业、5年毕业，你得想好，是不是要走这条路，相对设计院而言读博是另一种历练，是完全不一样的。但是要进设计院，可能也需要深思熟虑，规划行业在20世纪90年代或者2000年以前整体形势还是很好的，有大量的项目、需要大量的人才。这种形势慢慢在改变，现在城市发展总体进入到存量更新的时代。如果你要进到设计院，建议把平台的优势放在收入等这些考虑因素之前。

采访者：您对于我们北建大的城市规划未来的发展有什么期待或者是建议？

受访者：我觉得当然可能对于学校来讲，最主要的工作就学科建设，包括规划博士点申报，这是重中之重。站在老师的视角上，我觉得学科建设应该出更多的科研成果。每年的学校考核，都在不停地考核a类、b类、c类，排名不可避免。我觉得应通过师生的共同努力，至少让排名稳中有升，不断向前，因为品牌越大，做得越好，就能建立正向、良性的循环。

采访者：您对于我们整个规划行业或者是整个规划专业的未来发展是什么样的看法，如何看待？

受访者：这个我觉得会有比较大的一些变化。这个时代我觉得可能原来是20年一变，到后来5年一变化，现在也许将3年就会一变化，要不断更新自己的知识。比如说我下学期要讲规划实务的理论课，这些知识点在不停变化。城市规划相关知识我2008年考的时候是很薄的一本，现在变得特别厚，所有的知识都在不断爆炸，需求也在不断增长。作为规划师怎么应对规划行业的快速变化应该是一个非常重要的能力。

甘振坤

采访时间：2021 年 11 月 14 日
受 访 者：甘振坤（以下称受访者）
采 访 者：巩彦廷、张政（以下称采访者）

个人简介：甘振坤，男，1987 年出生，北京服装学院 2007 级学士，北京建筑大学 2013 级硕士、2016 级博士，2019 ~ 2020 年，公派至美国宾夕法尼亚大学进行联合培养，跟随 Jonathan Barnett 教授从事城市设计理论与方法研究。现为北京建筑大学建筑与城市规划学院建筑系讲师，同时还是美国宾夕法尼亚大学城市研究所（PennIUR）新晋学者、国际城市与区域规划师学会（ISOCARP）会员、国际古迹遗址理事会（ICOMOS）会员。研究方向为城市设计、城市更新、乡村规划与产业策划、建筑遗产活化利用。发表中英文期刊、会议论文 10 余篇，参与国家自然基金课题 4 项，参与或负责工程实践项目 10 余项。荣获 2021 年度北京市优秀责任规划师、2021 年度北京市优秀城乡规划设计二等奖、2019 年度全国优秀城市规划设计二等奖、2019 年度北京市优秀城乡规划设计一等奖、北京市第二届青年建筑创意设计大赛铜奖等多个设计类奖项。

采访者：请您谈谈工作以来的心得、主要研究类型与方向、工作主要成绩以及主要作品。

受访者：我是从硕士到博士都就读于北京建筑大学，毕业后留校任教。工作后的这一年时间是既熟悉又陌生的，熟悉的是作为学生，非常了解母校；比较陌生的是身份的转换，如何当好一名老师，因为作为一名教师，我还有太多要学习。

我主要研究的方向是城市设计和乡村的保护与发展。城市设计方面，主要是在学校北京未来城市设计高精尖创新中心的带领下，参与到首都功能核心区、城市副中心的城市设计研究与实践课题中。其中，印象比较深刻的项目有紧邻学校的动物园服装批发市场更新设计，在未来，这个区域将作为国家级金融科技与专业服务示范区重新亮相，在最近开始播出的《我是规划师》第二季中也会有专门的一期，介绍这个片区的更新发展历程。基于动物园服装批发市场城市更新的背景，我们联合腾讯 SMAD、宾夕法尼亚大学（以下简称宾大）、AECOM 在 2021 年暑假举办了一个主题为"边界·融合：自动驾驶技术驱动下的北京金科新区核心区城市更新设计"的国际联合工作营，由建筑学院、土木学院、电信学院的专任教师，腾讯的数字设计、智慧城市专家，宾大和 AECOM 的城市设计专家，共同指导来自北京建筑大学、中国建筑设计研究院、中国传媒大学的建筑学、城市设计、城乡规划、风景园林、交通工程、计算机、美术等学科领域的 18 名本科生、硕士生，探索自动驾驶技术为城市公共空间带来的巨大影响，建构未来城市"物质－社会－数字"资源再分配机制，以人为本重塑各类人群出行场景，并以北建大西城校区所在金科新区核心区为研究对象，最终提出相应的设计方案。这是一次很好的跨领域的设计研究合作，对于每一位参与者而言，尤其是对同学们而言，收获颇丰，教学团队也计划在今后定期组织更多这样具有探索价值的活动。乡村保护与发展方面，我从硕士研究生期间，就跟随欧阳文教授、张大玉教授，参与了大量的传统村落保护的研究与实践，我的博士论文选题就是河北传统村落空间特征研究。工作以后，我将研究的内容从宏观、中观层面进一步向石砌民居等微观层面拓展，与此同时，进一步关注村落的振兴与发展。我相信，只有深度挖掘村落的资源本底，一村一品规划策划，依托产业带动保护与发展，才是真正可持续的乡村振兴模式。因此，这两年以来，我与北京北建大城市规划设计研究院、中国农业科学院的合作伙伴，一直致力于探索适合乡村的投资、设计、运营全过程闭环模式，虽然困难重重，但也算是逶迤前行。近期，我们正致力于密云冯家峪镇的乡村振兴实践，期待能取得很好的成果。长期关注乡村关注民间非正式建造，也给予了我们非常多的教学灵感。今年北京国际设计周设计之旅项目"营造大集"的主题是"几何·游山"，我和建筑学院的王辒、中国建筑设计研究院的余浩，带领 12 名建筑学院的同学参赛，大家共同设计并亲手建造了一个名为"山·寨（Learning from Informal）"的作品。作品的理念是向民间自发营造的智慧学习，用最日常、最普通的建造方式和技法，塑造出一座在空间上具有假山韵味、可游可憩的景观建筑，从结构的计算到搭建，再到围护体系的设计与安装，处处遵循真实营造的原则，在求学期间能够亲手建造出一座理想的作品，对于每一位同学来说都是无比宝贵的经历。设计、采购、运输、搭建全过程，师生们都共同参与并乐在其中，尤其是很多立面材料都是在废品站或者北京四处淘来的，特别环保。

采访者： 您在校这么多年，对我们学校有什么印象？提到这个学校，您会先想到什么？

受访者： 踏实能干。多年以来，毕业校友以及用人单位的反馈，都认可咱们学校的学生做事特别认真，勤劳吃苦，能担重任。我想这得益于同学们长期以来传承的良好作风和学校不断发展对大家的帮助。从建工学院到北建大，咱们的学生一直都是行胜于言，工作任劳任怨，对于单位布置的任务保质保量完成，经历了时间的考验，学风优良；与此同时，学校这些年也一直在发展，不断获取更多的资源和机会，给同学们提供了良好的教育环境，大家跟着学校共同成长、发展，逐步成为优秀的规划建设人才。

采访者： 您对即将毕业的学生在就业方面有哪些更好的建议吗？

受访者： 对于本科同学而言，建议还是考研继续深造。要么申请国外院校的研究生项目，要么是通过推免或者考试，在国内理想的高校进行研究生阶段学习，获得的不仅是更高的学历，更重要的是获得了研究的基本能力和见识更广阔世界的机会。对于研究生同学而言，我建议一定要想清自己的兴趣和能力所在，进而决定是投身工作，还是继续攻读博士，这也也都意味着今后将会开启不一样的职业发展道路。

贾梦圆

采访日期：2021 年 11 月 15 日
受 访 者：贾梦圆（以下称受访者）
采 访 者：王祎（以下称采访者）

个人简介：贾梦圆，女，1991 年出生，北京建筑大学建筑与城市规划学院讲师。2015 年毕业于天津大学城市规划专业，2021 年获得天津大学建筑学院工学博士学位、昆士兰大学地球与环境科学学院哲学博士学位。研究方向涉及生态城市规划、城市增长管理、城市设计理论与方法等，关注于城市水资源环境的适应性规划理论与方法。参与国家重点研发计划资助项目、国家自然基金、国家社会科学基金、天津市哲学社会科学规划年度项目等科研项目 10 余项，在 *Land Use Policy*、*Ecological Indicators*、*Journal of Environmental Planning and Management*、《城市规划学刊》《城市问题》《风景园林》等期刊发表研究论文 19 篇。目前担任中国城市规划学会英文官网编委会栏目编辑，天津市城市规划学会城市规划新技术应用专业委员会委员。

采访者：请您谈谈您工作以来的工作心得、主要研究类型与方向、工作主要成绩与作品。

受访者：我到北建大工作时间不长，刚半年时间，主要是做两方面的工作：第一是教学，接触了很多学生，包括研究生和本科生。我觉得北建大的学生都很灵活，有自己的想法，也愿意付出努力去实现自己的想法。我的角色更多是给予支持，并解答学生们在研究上和学习上遇到的各种困惑。第二是继续开展我自己的研究，延续博士期间生态城市方向的一些研究，同时来了北建大之后，又拓展了一些和北建大特色相关的研究，比如旧城保护、乡村规划等方向。

采访者：您对学校的印象是什么？或者说您对北建大规划专业的画像是什么？

受访者：北建大的规划专业很有北京特色，这一点是很突出的。比如我近期参与的北京老城文物腾退与开放利用的课题，与首都核心区的建设、城市更新等议题密切相关。同时，在北建大也能有机会接触很多全国层面的项目或研究内容，比如今年参与的全国乡村建设评价工作，这些机会对老师和学生来说都挺好的，视野会更宽广一些。

所以如果总结北建大的规划专业，我觉得就是既立足北京的特点，同时视野又辐射全国，这是北建大规划专业的特色。

采访者：在您看来北建大规划专业相对于其他院校的特色和优势有哪些？

受访者：北建大规划专业的优势一方面体现在对人才的吸引力吧。因为有在北京的地域优势，所以无论是对学生还是对老师，都是有较大的吸引力，这对于学校发展、生源质量、师资水平以及专业发展都有很大影响。

另一方面就是和规划实践相结合的机会比较多。北建大拥有自己的规划设计院，从学生的发展来看，学院和设计院之间这种紧密结合的形式，给同学们提供了更多机会参与到实践项目中。

采访者：您当时选择到北京建筑大学城乡规划专业工作，是出于什么样的考虑？

受访者：主要还是现在专业发展不错，在全国的学科排名也很靠前。从各方面来看，北建大规划专业当前的发展势头和资源以及未来的发展趋势都会更好一些，这是吸引我的地方。

采访者：北建大规划专业的学生应如何更好利用和发挥学校的地缘优势？

受访者：其一是学生有机会接触到行业内顶尖的知名人物。学校经常会邀请行业专家给大家做讲座，为学术提供开阔眼界和掌握前沿知识的机会。其二是地域优势带来更多的实习机会。学校周边聚集了行业内知名的设计单位，学生有机会去实习的话也是很好的。相对于外地高校学生来实习还要租房，节约了成本，也是十分明显的优势。

此外，学生们的研究方向也应该更多和北京地域特色相结合。当前主要的方向包括遗产保护、城市韧性、乡村规划、城市更新等等方向，无论是做项目还是写文章，北京都是很典型的案例。这样就有更多机会进行现场调查，获取数据资料等等，给学生们做研究提供了良好的基础条件。

采访者：您对规划行业或者规划专业的未来发展如何看待？

受访者：现在国土空间规划是行业内的热点，实际上我认同一个观点，就是城乡规划学，原来叫城市规划，它的基本原理是不变，无论现在政策上或者市场上对规划的定义是什么，我们实际上要做规划、编制规划的时候，需要的基础原理知识都是不变的。

对于学生的学习，其实无论城乡规划的名称怎么变，我们要学的基础内容都是这些。目前国土空间规划带来的一个对学习改变，就是我们要掌握更多的技能，并不是要求个人掌握，而是要能够和相关专业进行跨专业的联合协作，比如资源管理、土地规划等等。你要明白他们是做什么工作的，才能跟他们去更好地联合在一起。在这个过程中大家的视野就拓宽了，这是一个发展的方向，也是对学生培养和学习的一个方向要求。

这是往"宽"里说的一点，同时还有往"深"里扎的一点，就是未来研究的发展方向越来越深入实地。比如现在的社区参与、公众规划，城市更新中的微更新、微改造这些内容，要求规划师切实扎到每一个项目的实践过程中。这也是一个未来的发展方向。总结来说就两点，一是更广，二是更深。

三、校外导师

郭少峰

采访日期：2021 年 11 月 30 日

受 访 者：郭少锋（以下称受访者）

采 访 者：吕虎臣、陈尼京、康北（以下称采访者）

个人简介：郭少锋，男，1980 年生，高级工程师，天津大学城市规划硕士，现任北京城建设计
发展集团城乡规划及建筑创作中心总工程师、公司城市规划专家委员会委员。

采访者：请您谈谈您的工作心得、主要研究类型与研究方向以及工作以来您最满意的项目。

受访者：首先祝贺北建大规划系建系 20 周年活动的开展。我本科 2004 年毕业，毕业后在河北省城乡规划设计研究院工作了一年；之后在天津大学读研，2007 年毕业后先后就职于北京清华城市规划设计研究院、上海同济城市规划设计研究院和北京城建设计发展集团。这些年工作总结下来，我感觉城市规划是一个复杂的系统，对于规划师的要求也越来越高，需要长时间的积累和成长。我参加工作的时候前辈曾告诉我，一个合格的规划师走向成熟至少需要 8 ~ 10 年的时间。我参与的项目涉及的规划类型主要集中于城乡总体规划、战略规划、城市设计等。就规划项目而言，更强调团队协作，也不好说是个人最得意的作品，但我偶尔也会打开百度或者谷歌地图评估自己负责过的项目，每当在影像图上看到曾经的设想变为现实，看到规划方案被完整呈现时，心里还是会有一种规划从业者的自豪感。

采访者：您对北建大这所学校的印象是什么？

受访者：在工作中，我接触过的北建大的毕业生很多，与他们交流下来，我对北建大校友们的最深的印象是踏实务实、专业基础深厚，作为规划师非常值得信赖，包括技术上、做事情上和为人上。

采访者：在您看来，北建大的规划专业相较于其他院校有哪些优势？北建大规划专业的学生应如何利用自身优势？

受访者：北建大规划专业的优势很明显。首先，北建大作为北京市属高校，可以利用北京很多优质资源，北京的城乡建设处在提质升级的过程中，对咱们学校发展也是非常好的机会。咱们学校在北京市的城乡规划建设过程中也作出了不少贡献，这是其他院校不具备的。其次，北建大西城校区的所在位置被住房和城乡建设部、中国城市规划设计研究院、中国建筑设计研究院、中国中建设计集团、北京城建设计发展集团等政府主管部门和一大批设计机构环绕，对学校发展也有很好的带动、促进作用。对学生而言，要积极利用现有优势，参与社会实践。参与社会实践有两种途径，其一是走进设计院，在项目实战中提升自己；其二是积极参与"责任规划师"实践，走进基层、社区，从人的需求出发，了解北京最基层的需求。

采访者：您作为校外导师，在国土空间规划浪潮下，从用人单位角度来看，对于研一学生未来三年的学习有哪些建议？应该继续精进设计，还是学习相关专业的知识？

受访者：我个人理解，北建大规划学科的特色在于城市设计、旧城保护、乡村建设等方面。但对于学生来说不必要过早局限于某一方向，要多接触相关学科。就像吴良镛先生提出的人居环境科学的概念一样，一个好的规划师要懂得与各专业融合，学科的范畴不仅是形态的设计，还有背后的经济产业、政策机制、生态环境、道路交通等方面，无论是老旧小区改造、城市设计，还是当下的国土空间规划，都需要多学科知识的支撑。所以，我的建议是不要过早局限于某个方向，要广泛地学习相关学科，包括生态低碳、城市经济、城市交通、土地资源管理等。具体确定方向可以等到工作几年以后再定。

张云峰

采访日期：2021 年 11 月 11 日
受 访 者：张云峰（以下称受访者）
采 访 者：吕虎臣、周原、王鹭、康北（以下称采访者）

个人简介：张云峰，男，中国城市规划研究院雄安分院教授级高级规划师，主持项目：曹妃甸临港工业区系列规划、山西科技创新城总体规划、雄安新区总体规划、呼和浩特市国土空间总体规划等。

采访者：请您谈谈您工作以来对规划专业的工作心得、主要研究类型与方向？

受访者： 对于这个问题，从大的方面上讲，我主要研究的是城乡规划。我所在的中规院进行的总体规划项目偏多，基本上以城镇体系规划、城市总体规划、控制性详细规划、城市设计等多方面的综合内容为主。同时，我参与的项目跟建设实施都有很强的联系，都与短期密集建设有关。例如，在2005年开始的曹妃甸临港工业区的规划和2014年山西省科技创新城的总体规划，都是一边规划，一边建设实施的。这类项目的特点就是会有较多协调性工作，包括与建筑设计方案、道路设计方案、景观设计方案等相互协调的工作。2016～2017年，我负责内蒙古和林格尔新区规划以及部分雄安新区的总体规划。可以说，规划专业很复杂，不是仅仅闷头编制，在规划、设计、建设的过程中有许多的交叉内容。

采访者：您作为校外导师、竞赛评审嘉宾，在您看来北京建筑大学的规划专业相对于其他院校有哪些特色和优势？

受访者： 北京建筑大学的特色是非常明显的。首先，北建大的城乡规划专业是脱胎于原来的建筑学的学科。北建大城乡规划专业的学生在空间感知和形体表达上、各类工具应用上是有传统优势的，与其他学校不同学科来源的城乡规划专业学生相比，学科基础的差异很大。因此，北京建筑大学的城乡规划专业在空间形体的表达能力上有突出的特点。其次，北京建筑大学的地缘优势。虽然北京有城乡规划专业的学校很多，但作为市属的高校，相比其他高校承担了许多北京市的前沿研究、课题和项目，更有利于为地方政府提供各类支持。也希望北京建筑大学可以抓住北京的城市问题，深入研究，就像同济大学针对上海的城市问题、华南理工大学针对广州的城市问题一样。即使是相同的问题，在不同的地域也会有不同的特点。这也是在国外为什么会有芝加哥学派或者洛杉矶学派，都是基于对自己所处地域问题的研究，并汇集整合成自己的理论。前一段时间，我听说在中国社会科学院成立了一个北京学研究中心，北京都可以作为一个单独的学术领域或者学术问题来研究了。从这个角度说，北京建筑大学的城乡规划专业就是基于北京的城乡规划的理论研究，这就是北建大自己的特色。

采访者：您对城乡规划专业的新生以及在校学生有什么建议？对即将毕业的学生就业有何建议？

受访者：首先，北京建筑大学的城乡规划专业的师资团队和学科建设还是有一定基础的，来自北京建筑大学的学生在设计院的表现还是不错的。对于未来的就业环境，这样的优势也是某种程度上的劣势，这是以建筑学为背景的学校都普遍面临的新问题。目前的社会首先对于城市治理、城市更新有很大的需求，其次，对于国土空间规划的需求也很大。以国土空间规划为例，对国土空间规划所要求的知识体系包括农业、生态、经济、地理的知识，许多都是学校教学内容所不涉猎的，在过去的规划中也涉及很少。面对未来的国土空间规划，现在所获取的知识体系是否够用是一个很急迫的问题。在城市治理、城市更新方面，这些看似微观的内容是与学校学习的设计或者形体建设更加贴合，但在城市更新中，物质环境和手段只是载体，更重要的是如何解决社会问题，这不仅仅只是物质上的问题，又或者说是包含物质问题的非单一的综合性问题。"麻雀虽小，五脏俱全"，城市更新所涉及的微观问题需要用综合的手段和视角。从这两个社会未来需求来看，目前学校不能单纯考虑形体的艺术或者美观的问题，需要有所转变。

对于在校的研究生来说，学生也需要关注最前沿的问题并进行研究，因为这些方面的问题是在未来工作阶段都会面对的。在研究生阶段开始就要有意识地了解这些问题。并且，在研究生阶段也要补足短板，将来在工作中还要不断学习。我希望同学们可以从长远的、富有前瞻性的视角了解前沿的问题，在进行研究或者论文撰写的过程中，要学会使用更具体的工作技能和研究方法，这才是在未来工作环境中需要的人才。另外，学生在本科生、硕士生、博士生的学术提升过程中，其实就是学习认识论和方法论的过程。如何认识城市的本质，如何用有逻辑、有条理的方式解释城市，需要学生拥有系统认识城市的视角和思维方式，这种对于城市系统性的思维方式对每一个未来从事城乡规划行业的学生来讲非常重要。在目前的学校学习中，仅仅满足方案设计、软件应用的要求是不够的，既要为工作培养使用工具技能的能力，也要有长远的思维和思考能力。

盛 况

采访日期：2021 年 11 月 18 日

受 访 者：盛况（以下称受访者）

采 访 者：姚艺茜（以下称采访者）

个人简介：盛况，男，北京建筑大学校外硕士导师；清华大学建筑学学士、城市规划专业工学硕士；正高级工程师；中国建筑设计研究院城镇规划院总规划师兼可持续工作室创始人；中国可持续发展研究会委员；中国城市科学研究会青年委员；《小城镇规划》编委；全国体育标准化技术委员会委员。2004 年 7 月～2013 年 12 月，就职于中国城市规划设计研究院；2014 年 1 月～2018 年 4 月，就职于中国建筑设计研究院，任城市规划设计研究中心任总规划师；2018 年 5 月～2020 年 6 月，于中国建筑设计研究院城镇规划设计研究院有限公司任总规划师兼创研中心主任；2020 年 7 月至今，于中国建筑设计研究院城镇规划院任总规划师兼可持续工作室创始人。主要业务类型：城市更新及双修；规划实施评估体检、海绵及地下空间等专题专项；区域及城市总体规划/国土空间规划；山地冰雪；详细规划、城市设计及导引。

采访者：能谈谈您目前主要研究类型与方向、工作主要成绩以及主要作品吗？

受访者：近年来按照住房和城乡建设部的统一部署，我聚焦城市更新工作，以城市生态修复、功能完善为切入点，展开技术储备及研究实践；并主持了一些有关规划实施的评估、体检等工作，及一系列区域及城市总体规划和国土空间规划工作。此外，还主持和编制了各级各类详细规划、城市设计以及面向实施的城市设计导引。

采访者：您对学校的印象是什么？或者说您对北建大规划专业的画像是什么？

受访者：北建大是一个老牌建筑类专业院校，在全国的知名度很高，在北京市属高校里，它是首屈一指的专业院校，城乡规划专业在北建大的平台下，不仅有城乡规划的核心课程，还有建筑学、环境、景观等相关教育实践。从毕业生就业来说，北建大城乡规划专业向京津冀很多城市和地区输送了大量的规划管理人才。

采访者：在您看来北建大规划专业相对于其他院校的特色和优势有哪些？

受访者：就规划专业来说，北建大作为一个专业性很强的建筑工程类院校，和其他综合性院校的规划专业相比，更聚焦于城市建设的部分，这是学校背景决定的。

采访者：在您看来，硕士生导师在选择学生方面有哪些具体要求？

受访者：首先，学生一定要有自学能力，自己要有学习的欲望，还要有能够完成这个学习过程的能力，包括组织时间、安排学习计划和执行能力。在这方面,硕士研究生和本科生的要求是不一样的。对本科生而言，基本是"照猫画虎"，强调学会一个东西，学会一种手段或者工具。而研究生是需要去知其然且知其所以然，要学会举一反三，所以必须要具备一定的学习能力和一定的推演能力，但是也并不要求像博士那样去做理论上的创新，以上是我们挑选研究生时我的要求。当然，如果是具备读博潜力的硕士研究生，我们也是非常喜欢和欢迎的。

采访者：在您看来，北建大规划专业的学生如何更好地利用和发挥学校的地缘优势？

受访者： 这需要紧密地结合北京市以及京津冀的在地特征去看待这个问题，在规划专业发展上的一些需求更加属地化。目前，北建大地规划专业具有两个优势：其一是对于北京和京津冀所有最新的变化的捕捉和反应都非常敏锐；其二，因为学校扎根在北京，更利于对整个北京发展的历史过程以及现象背后的原因有更直接、更深入的研究、传承和跟踪。总而言之，一个是时间长度方面的，一个是敏锐度和反应速度方面的。

采访者：北建大作为地方高校，您认为规划专业应该如何进行在地服务、助力北京三规落地呢？

受访者： 针对地方高校如何更好地进行在地服务这个问题，其实就是要让学生尽早地去深入了解城市发展建设的过程和现象，去尽可能多地吸收方方面面的信息。比如规划专业，从一开始对城市的认知、对城市问题的剖析和认识，以及后面的对城市规划的课程设计，都应该紧密结合地方的标准和地方的客观需求。北京的圈层式发展特征比较明显，它既有历史悠久的老城，也有现代化的新城新区，还有一些比较偏远的山区和农村地区，是具备了非常复杂的城市、城乡及乡村聚落特点的城市聚落研究对象。所以，对规划专业来说，可以研究的内容是非常多的，有很多知识点、现象和问题都值得去探讨。

采访者：那您对规划专业的新生或者在校学生有什么建议吗？或者是说对即将毕业的学生的就业方向有什么样的建议呢？

受访者： 首先，对新生来说，包括在校学生，应该更深刻地去理解城乡规划的角色定位。它并不是一个传统意义上的，或者是我们国家大的工科体系里的一个纯工科学科，而是在工科的基础上，更偏向于研究社会学、经济学领域的一些内容，甚至包括更多其他领域、其他学科的一些知识。因此在学习的过程中，一定要注意多学科兼收并蓄。另外，因为城乡规划研究的对象是城市和乡村，以及城乡之间的关系。所以，学生要更多地去观察周边的城市和乡村，要增加自己在各个不同的空间尺度和空间对象上的体验和感受，通过对于周边的这些城市地域、乡村地域展开体验式的观察，去剖析问题，可能更有助于我们全面地理解城乡规划的使命和任务。对毕业生来说，就业的路径选择是很广的。因为城乡规划不光是一个工程类学科，它还涉及城市的运营管理等，所以就业的维度是很多的；并且，由于规划学生对城市的运营有很深刻的了解，所以不论是公务员，还是咨询机构，包括地产的前期咨询，在这些就业领域里都非常有竞争力，当然设计院也是非常传统的一个就业去向。

采访者：您对规划行业或者规划专业的未来发展如何看待？

受访者：行业和专业还是有区别的。由自然资源部来主管规划以来，其实规划行业的改革并没有完全完成，不论是学界还是业界都还没有完全达成一致。对于规划行业，目前，各个城市都正在逐步完善并形成自己的管理和规范体系。在这方面，直辖市和其他有立法权的城市的相关工作会推进得更快一些。那么将来就会形成一个局面：规划行业的主管是自然资源部，但是对于规划方案、规划具体的管理，会有各个城市、各个省、直辖市的地方规定，变成地方事务，这是一个行业的方向。此外，规划由自然资源部主管之后，实际上相当于是做了一轮扩充，从业人员也有了一个增量，原来只是以城市规划为主，后来又有土地规划等方面的力量加入其中，整体上看队伍是壮大了，但人的知识交集其实是更狭窄了。而对于规划专业，按照国家职能分工，专业和学科建设是由教育部主管，所以，其实传统的城乡规划的教学指导、任务、培养目标并没有变，规划专业的学生不仅要更加注重对各方面知识的了解和对各个学科知识的了解，还有对城市的发展变化中呈现的问题及其原因有学科的工具来进行剖析，然后再制定相应的解决方案，它可以是一个政策性的解决方案，也有可能是传统空间方面的解决方案。所以，行业和专业的未来走的是不同的发展路径。

采访者：您对北建大规划专业的人才培养未来有什么期待或建议？

受访者：北建大有悠久的办学历史，规划专业也经过了多次的教学评估，其整个人才培养体系和教学框架其实相对来说已经达到较为完善的状态了。从教学评估上也能反映出北建大在专业建设上是领先于大多数院校的。而对于北建大面向未来的人才培养方面，实际上，就会说到我们行业和专业的两个方向的问题。行业上，国土空间规划愈加重视自然资源，那么这部分的相关课程就可能需要跟着部委的节奏做一些相应的补充，增加行业上要求的一些知识点的教学。而从专业角度来说，更偏向于综合性，比如把社会学、经济学、包括大数据，将物联网的数据等加进来，要拓展新的专业工具的应用，相当于是要利用好其他学科的优秀成果来不断发展规划学科。

采访者：在您看来，设计院或者社会对于规划专业人才的需求，以及对毕业研究生有哪些要求？

受访者：首先，要具备宽广的视野和一个比较全面的知识体系架构。由于人的时间和精力都是有限的，不可能在学校里就把所有的知识都掌握得特别熟练，所以要有一个宽的视野和比较全的架构，以便于将来在岗位上根据不同工作的要求再进一步地学习。其次，是学习能力。其实在学校里主要是打基础，把学科的基础架构与其内在逻辑搞清楚；而真正在工作中，是需要靠自己不断地自我学习和自我提升，这是一个持续性的事情。

四、相关专业教师

仇付国

采访日期：2021 年 11 月 17 日

受 访 者：仇付国（以下称受访者）

采 访 者：刘思宇、王晨（以下称采访者）

个人简介：仇付国，男，2004 年 7 月毕业于西安建筑科技大学，获得工学博士学位，同年到北京建筑大学工作。2011 年 2 月 ~8 月在美国奥本大学（Auburn University）工学院访学。现任北京建筑大学市政工程系主任，环境与能源工程学院副院长。多年来致力于给水排水科学与工程专业的教学和科研工作，主持和参加了国家自然科学基金等多项国家级、省部级项目，以及北京市自来水集团、排水集团等企业委托的科研项目，针对本行业发展需求，在城市污水再生利用的健康风险评价、市政固废资源化、海绵城市建设等领域开展了理论与应用技术研究，培养了 20 余名市政工程硕士研究生，参与培养了上千名给水排水科学与工程专业本科毕业生。

采访者：在北建大城乡规划专业的教学经历给您的深刻印象在哪里？收获有哪些？

受访者：城乡规划专业是北建大的优势专业，招生生源好，师资力量强，人才培养平台条件优越，学生就业单位优势突出。在教学过程中感觉学生的素质比较好，能够自主高效地完成老师布置的学习任务，上交的成果质量高，教学效果良好。在多年的教学过程中，我在教学内容和知识范围方面也得到了很大的拓展，通过专业之间的交叉和融合，能够拓宽跨学科、跨专业的知识体系，教学相长，提升教学能力和水平。

采访者：在您的学习或教学过程中，您是否有过迷茫、困惑或者开心与乐趣？迷茫和困惑的解决方案是什么？

受访者：在上学时，也和现在的同学一样，认真拼搏、不断学习与进步。我自身是非常热爱我所学专业的，因此我不仅对我所研究的方向进行大量的学习、探索，也曾积极尝试跨学科的广泛学习，汲取更多知识，这样也让我更加融会贯通本专业的知识。以规划专业为例，环境与能源工程在调研、设计与实施过程中始终要与规划相关人员进行联系或配合，就需要专业之间相互了解，便于沟通，因此我也会站在城乡规划学的角度再去看环境与能源工程相关的工作，这样也是一种帮助。在教学过程中，酸甜苦辣都有经历过，而解决迷茫和困惑的方法就是坚持，坚守初心。就像一句歌词里说的："莫以成败论英雄，人的遭遇本不同"。尽最大努力不留遗憾就好。

采访者：您对北建大规划专业的人才培养未来有什么期待或建议？

受访者：目前城乡规划专业为国家级一流专业，希望本专业能培养更多的一流人才，培养更多的高水平规划师，培养更多的国家和首都城市建设系统的骨干力量，服务"三规"落地，服务我校高水平特色大学的定位。无论本科生还是研究生，都需要关注最前沿的问题并进行研究，因为这些方面的问题是在未来工作阶段都会面对的。提升自身素质素养，广泛学习相关知识是人才培养工作中最重要的部分，希望未来的规划师们能不忘初心、砥砺前行。

张 蕊

采访日期：2021 年 11 月 25 日
受 访 者：张蕊（以下称受访者）
采 访 者：吕虎臣、王鹭（以下称采访者）

个人简介：张蕊，女，北京建筑大学交通工程系教授，主要研究领域为交通出行行为、行人流建模与仿真及交通政策研究。关注儿童出行行为特征并对儿童出行给家庭其他成员强加的活动需求和约束现象进行系统研究，著有《儿童出行行为特征及其对交通政策的影响》；在行人、非机动车交通行为研究基础上，进行建模和仿真，并取得系列成果，著有《交通枢纽行人仿真建模与应用》《城市轨道交通车站行人微观仿真》《微观交通仿真实践指南》，并获得 2 项发明专利，研究成果获得省部级科技进步二等奖 1 项、三等奖 1 项；在交通政策领域重点研究了交通方式结构及慢行交通政策，获得省部级科技进步奖 2 项，完成了北京市多项行人相关政策支撑研究工作。与此同时，探索多源大数据在上述研究中的应用，并取得了多项研究成果。

采访者：您对北建大的印象是什么？或者说您对北建大规划专业的画像是什么？

受访者：学校在培养应用型人才方面有突出特色，校友在首都建设中取得了巨大的成就。规划专业虽然成立的时间不是很长，但在北京旧城区改造、乡村规划等方面取得了突出的成绩。

采访者：在您看来北建大规划专业相对于其他院校的特色和优势有哪些？

受访者：专业教师来自多所知名院校，学缘结构合理，学科建设能博采众长。

采访者：北京建筑大学城乡规划专业的教学经历给您的深刻影响在哪里？收获有哪些？

受访者：规划专业的教学给我的印象是学生对待课程的学习态度越来越重视，部分学生非常优秀，学生绘画表现能力强，对课程问题喜欢用绘画表现。

采访者：在您的教学过程中，您是否有过迷茫、困惑或者开心与乐趣？迷茫和困惑的解决方案是什么？

受访者：学生个体各具特色，个性比较强，对于老师是挑战也是乐趣。如果时间充裕的话，我很喜欢和他们每一位深入交流。

采访者：北建大规划专业的学生如何更好地利用和发挥学校的地缘优势？

受访者：首先要学好专业理论知识，发挥我们专业和学校的层次特点以及优势；其次要关注北京发展和行业发展，善于通过交叉学科理论知识提升自己。

采访者：您对北建大规划专业的人才培养未来有什么期待或建议？

受访者：希望北建大规划专业未来在首都的城乡建设中继续发挥应用型人才培养的优势。

采访者：您工作这些年对北建大规划系的变化有什么感触？

受访者：深刻感受到规划专业人才层次水平越来越高，教师完成项目的受关注度越来越高，在北京乃至全国的行业知名度不断提升。

黄 鹤

采访日期：2021 年 11 月 16 日
受 访 者：黄鹤（以下称受访者）
采 访 者：刘思宇、王晨（以下称采访者）

个人简介：黄鹤，男，副教授，硕士生导师。现任北京建筑大学国际化发展研究院国际交流服务中心副主任，测绘与城市空间信息学院城市测绘研究所所长；兼任中国卫星导航定位协会理事、中国地理信息产业协会大运河工作委员会委员、北京测绘学会教育委员会委员、大地测量与导航分会委员。主要从事大地测量与城市测绘领域研究，研究方向为高精度智能驾驶导航地图、视觉导航与定位、室内地图及其模型等。发表相关论文 100 余篇，出版专著、教材 4 部，参编国家标准 3 部、授权发明专利 6 项，获得计算机软件著作权 12 项，获省部级科技进步一等奖 2 项，获省部级教学成果一等奖 1 项、二等奖 2 项。2016 年以来，共向武汉大学推荐 7 名我校优秀硕士研究生并顺利考取博士，进入到被誉为"世界测绘教育之都"的国内测绘专业最高学府继续深造。"学业上的导师，更是人生成长的导师。"这是学生们对黄鹤老师的一致评价。在学生心中，黄鹤老师是传道授业解惑的良师，更是推心置腹、体贴入微的益友，求学和科研路上，他一直引领和陪伴学生左右，为他们的成长保驾护航。任教 11 年来，坚守"立德树人"的初心，关心学生的全面发展，真诚对待每一名学生，做好研究生成长路上的领路人。

采访者：您认为测绘专业和规划专业有什么联系呢？

受访者：我认为测绘是更应用、更技术的一门学科，而规划是一门综合的较为抽象的学科。如今测绘有了新技术，比如无人机的采集（我认为规划的同学需要了解一点）可以为规划提供数据，现在很多的项目如果用规划所学的旧的测量学去推进会很累，利用了新技术之后很轻松就可以做出来了。

采访者：从您作为一名测绘老师的角度来看，您对规划专业的课程体系有什么建议吗？

受访者：我其实对规划专业的了解也不是很全面，所以就以我教课的经历说两点拙见：首先是我认为规划专业的同学需要去学习、了解测绘专业的新技术，而不是传统的测量学的方法。本科生或者研究生到了工作岗位，不可能会用以前的测量学知识，所以课程里面让规划的同学多了解一些规划的新技术，更前沿会更有利。其次就是希望可以多加一些跨学科的合作的课程。现在有个问题就是合作意识不太强，所以有很多时间都浪费在学习不必要的新知识上面了，研究生的精力以及研究方向要专，很多次要的研究以及成果其实是可以通过合作来取得。就像 GIS，不仅仅规划里面会用，测绘里面也很早就有所了解。现在新出的实景三维，这个虽然是测绘做的，其实规划和建筑等专业会用到更多，但是因为两个学科之间沟通少，所以很多学生就不太清楚测绘的很多成果都可以用在规划的基础资料里面，就像规划里面的一些三维图，其实测绘是可以推出来的，如果测绘和规划有多一些的沟通与合作，其实很多数据学生找起来就不会那么痛苦了。

采访者：对规划学生走向工作岗位，有什么建议吗？

受访者：有三点建议：首先是要团结，就拿测绘来说，需要合作、交流，这样才能得出一份好的结果，规划也是，无论是规划内部之间还是规划与其他学科之间，只要决定了合作就要团结。其次，规划也好其他学科也是，都会逐渐变成虚拟的、抽象的学科，而这也是时代的一种大趋势，我们需要早早做好准备面对未来这个数据、数字化的时代。打个比方，规划是不是也需要结合数据做一些模拟城市规划运行的实验，模拟的场景可能会更直观、更科学、更能反应城市运行中的问题。最后是要和政策衔接。就像如今的双碳政策，出台后在交通或者规划上面可能会缺少实时模拟的运行实验去预判城市运行中会遇到的问题，导致在政策出台后的一段时间，北京的交通更加拥堵。如果在政策出台的同时或是之前进行模拟器中的运行，对城市运行有了预判，可能城市的运行会更加有效。这就是需要实时性地与政策做衔接。未来是数字化的、智能的，所以无论是规划还是其他学科也要紧跟时代，学习数据、人工智能等相关知识。

陈南雁

采访日期：2021 年 12 月 2 日

受 访 者：陈南雁（以下称受访者）

采 访 者：原琳（以下称采访者）

个人简介：陈南雁，女，北京建筑大学副教授，学科专业：马克思主义理论，教学中主讲毛泽东思想和中国特色社会主义理论体系概论。

采访者： 请问从您作为思想政治课老师的视角看，我们的学校由北京建筑工程学院更名为北京建筑大学这些年间学生的素质是否也有较大提升呢？

受访者： 其实从录取分数来讲不论从前还是现在我们学校录取分数都相对较高，学生的素质一直以来也是普遍比较高的。

采访者： 请问您在平时进行思想政治课授课的时候，比如学生在进行课堂回答和课堂汇报时，您认为我们建筑学院的学生，特别是规划专业的学生，与其他专业和学院的学生相比有哪些优势或者不足呢？

受访者： 因为我们全都是大班授课，其实单独接触到规划同学的机会不多，感觉不是特别明显，整体来看研究生班的表现就比较不错，课堂出勤积极性和课堂反应等与本科生同学相比要略好一些。虽然老师问问题时回答相对都不是很积极，但这算是学生们可能出于紧张导致的共同问题吧。如果是从学院间差别的角度来看，我在上课时就有表扬过同学们，我们建筑学院的同学们制作幻灯片的技术和汇报的水平都比较高，能看出一定的专业技能特色。

采访者： 请问您对即将进入北建大规划专业学习的新生和即将毕业的同学有什么寄语呢？

受访者： 我从字面上理解建筑学院的建筑专业与规划专业是有一定区别的，从专业的角度来说感觉规划专业要更宏观一些，它可能从长远或者大政方针来看是很有价值、很有意义、影响很大的专业，选择这个专业的同学大都具有较强的社会责任感。这个专业能够帮助节约大量社会资源，让社会运转更有效率。并且我认为规划专业综合性比较强，如果想要达到高水平需要涉及许多方面，包括现在对大数据这一高科技的综合运用，想要在专业上精益求精每个同学都需要拓宽自己的眼界和知识面，发扬工匠精神，对于百年大计不能草草了事。从个人角度来说，规划专业的工作性质造就了一群更有社会责任心的人，从思想政治的角度来看，对于专业要更有热情和责任心，而不仅仅将所从事专业视为满足物质条件的工作。另外在我的印象中建筑学院的学生们日常压力都比较大，我希望他们能健康快乐地生活，为了在事业上有所成就，面对坎坷、挫折时要运用更多正能量来调节自己。从学校发展的角度来看，我们学校是全国最早有建筑、规划专业的学校之一，这是我们的优势，但要保持这种优势需要同学的努力，打造专业的品牌和形象，这样对今后学生的就业和发展，对学校的发展都有益，学校和学生是相互成就的。

王思远

采访日期：2021 年 11 月 28 日

受 访 者：王思远（以下称受访者）

采 访 者：王韵淇（以下称采访者）

个人简介：王思远，男，北京建筑大学建筑与城市规划学院本科生辅导员、第三党支部书记。

采访者： 请您谈谈您工作以来的工作心得和工作的主要内容。

受访者： 我的工作内容是高校辅导员岗位正常的工作，比如学生的日常管理、思想政治教育，以及因建筑学院专业问题而涉及的专教管理等特殊工作。我之前有在学生工作岗位工作的经历，但是在一线走进学生后发现有许多工作在不同情况下、不同环境中、针对不同人群会出现新课题，特别是在现在有疫情防控这一常规任务的情况下，不同的工作中都增加了不一样的要求，原有的工作开展起来就需要更高的政治站位和更高的要求，来应对新的挑战。

采访者： 您对学校的印象是什么？或者说您对北建大规划专业的画像是什么？

受访者： 对我们西城校区的第一印象是比较古朴，有旧时光的痕迹。我来到学校后先后负责了研究生和本科生的教辅工作，其中负责规划专业的时间比较长，感觉规划专业的同学不论在文明礼貌方面、学习成绩方面还是就业或深造发展方面都有较好成绩，非常稳定。

采访者： 对即将毕业的学生就业有何建议？

受访者： 总结起来有四点建议："严、细、勤、实"。这个也是从我们的优秀校友、建筑行业的前辈们身上所具有的优良品质和素质总结出来的。第一是严谨，是对作品的严谨要求和负责态度；第二是细节，包括对人居、对政策、对设计合理性的细致要求；第三是勤奋，在这个领域大家毕业前肯定都经历过一些难眠的日日夜夜，但还是应该避免熬夜，从整个建筑行业或是个人身体方面来说，还是提倡把工作量尽量放在白天，同时提高工作效率；第四是踏实，在这个行业想做出成绩是需要时间的，需要踏踏实实地去做每一件事，包括与人打交道。我觉得毕业后走入职场要坚守好这四点，应该可以得到他人更多的认可，获得更多机会。

采访者： 您对规划行业或者规划专业的未来发展如何看待？

受访者： 我觉得在我们国家 2035 年全面实现现代化建设的征程上，规划专业有更大空间与更多的舞台，需要更贴合人民需求的规划成果、理念以及服务。我们专业未来不光是在一个地区，比如服务首都，更多会服务全国，在全国范围内让规划的概念深入民心、深入社会基层，规划专业的前景十分广阔。

采访者： 您在学生工作中遇到过什么难忘的事？

受访者： 学生们在凌晨依然在专教学习，不论男生女生，虽然特别累，但由于对方案不满意，所以一直在调试方案，我对这种精益求精、忘我的实践精神感触比较深。但是在这种休息得不到保证的情况下，会导致日常出勤等问题。这个也是长期存在、需要改善的一个方面。

王天禾

采访日期：2021 年 11 月 2 日

受 访 者：王天禾（以下称受访者）

采 访 者：许卓凡（以下称采访者）

个人简介：王天禾，女，北京建筑大学文法学院副教授。主要发表有《尤多拉·韦尔蒂作品中叙事者的巧妙运用》《尤多拉·韦尔蒂作品中的人物刻画》《如何提高英语词汇教学的几点策略》等论文，并荣获 2005 年、2006 年、2009 年大学生英语竞赛一等奖指导教师等奖项。

采访者：请您谈谈您工作以来印象中最深的事情。

受访者：我在工作中印象最深的事情在 2004 年，那时我指导一位学生参加全国大学生英语竞赛，没想到这位学生获得全国大学生英语竞赛一等奖，然后紧接着她在 2005 年又获得一等奖，之后又获两次奖项，是建筑系的学生，获奖给了老师很多的信心，因为是第一次带竞赛，结果不可未知，但这是一个 surprise，所以获得一等奖确实是挺高兴，然后就觉得自己有了成就感，这是我印象中最深的事情。

采访者：您觉得本科生或研究生学习过程中需要有什么样的能力。

受访者：我觉得学生应该具备一个重要的能力就是阅读能力，所以我每次上课，第一个就是推荐一些书籍给大家，然后我也会让大家介绍，从这本书中读懂了什么，学会了什么样的能力。这样培养出来的学生，会有很强的独立思考能力、批判性的思维以及共情能力，并且要有一定的同理心，拥有这样能力的人做出的产品、设计才可以被用户所接受，在事业和人生的路上，才能处理各种各样的问题。

采访者：您在学习期间，遇到过最具有挑战的部分是什么？

受访者：我觉得可能是学习和生活上精力的冲突，在读研究生的时候，我当时已经成家有孩子了。有时候一边学习还要继续照顾小孩，精力会有部分分散，当时还要看很多专业方面的书籍，所以有一丝焦虑，但是现在回想起来其实也是挺感动，想到之前的这些事内心会有一些感慨。

采访者：您在工作的这几十年中北京建筑大学有什么变化。

受访者：我刚过来的时候，咱们当时校区还比较小，然后慢慢的老师和学生的人数开始变多，当时由于校区面积比较小，我们上课是要分出去一部分，每天早上坐班车到其他地方去上课，上完以后又去大兴。然后是校园从小变大的过程，不仅仅是学校面积的扩大，也是从北京建筑工程学院到北京建筑大学的变化，从没有博士点到有博士点的变化，你看我们的大兴校区，那么美，那么漂亮，学校真的是一直在成长，用一个词来形容她，我觉得应该是 promise。

第二部分

北京建筑大学校友采访

刘 晶

采访日期: 2021 年 11 月 28 日

受 访 者: 刘晶（以下称受访者）

采 访 者: 周迦瑜（以下称采访者）

个人简介: 刘晶，女，就职于中国建筑科学研究院有限公司城乡规划院，担任空间规划所副所长，注册城市规划师，高级工程师。近年来主要承担总规、控规、城市设计、国土空间、文旅策划等多类型规划项目。

采访者： 您对北建大的印象是什么？或者说您对北建大规划专业的画像是什么？

受访者： 初次来学校第一感觉是古香古色，很有历史感，同时规模很小。对于建筑学院很有自豪感，作为学校的重点学科，拥有最具历史的教学楼和斗栱，组织各类学科竞赛作品的巡展，学术氛围很浓厚。

采访者： 在您看来北建大规划专业相对于其他院校的特色和优势有哪些？

受访者： 本科五年、研究生三年的学制让学生的规划基础很扎实，相对于其他院校的规划专业，我们的规划专业与建筑学的联系更紧密，与设计院的联动更多，实践机会更多，可以较快地学以致用。

采访者： 您当时选择到北建大城乡规划专业学习深造，是出于什么样的考虑？

受访者： 本科选专业的时候其实没特别多的想法，一直觉得学建筑的人很厉害，但又没有绘画基础，想想学规划应该也可以吧。研究生是因为有5年的基础和对学校的认知，觉得北建大在北京还是挺好的，所以考研毫不犹豫报考了本校。

采访者： 北建大的学习经历带给您比较大的影响是什么？

受访者： 学习的方法和独立思考的能力。

采访者： 您在学习期间对自己未来的发展规划与工作现实之间的关联度如何？其中有什么经验和教训与我们分享吗？

受访者： 从毕业到现在我从事的一直是规划工作，应该是完全关联吧。经验分享就是在校和老师要学会学习的能力，因为工作与上学和在学校学还是两码事，不会不怕，能学就行，有时间多去设计院实习。

采访者： 在专业学习过程中，师生的关系如何？

受访者： 师生关系很好，导师对待自己就是很亲的长辈，做得不好的时候也有导师给担着，学会了很多，非常感谢导师。

采访者： 北建大城乡规划专业的学习经历给您的深刻影响在哪里？收获有哪些？

受访者： 专业知识很扎实，各种类型的规划均有学习到，同时还有市政、竖向等知识拓展，对参加工作后知识的全面性非常有用。

采访者：在您的专业学习过程中，您是否有过迷茫、困惑或者开心与乐趣？迷茫和困惑的解决方法是什么？

受访者： 迷茫、困惑、开心与乐趣都有吧，规划是一个团体项目，需要多人协作完成一个项目，在得到各方认可时都会有开心与自豪感。当然，在研究生方向选择时还是有迷茫与困惑的，因为找不到自己的擅长点和真正的兴趣点，一般这时候会选择与同学聊天，与导师交心，自我宽慰，其实一切都会越来越好。

采访者：您在专业学习期间，自己日常面临的主要问题有哪些？其中最具有挑战性的部分是什么？

受访者： 创新性想法与城市设计，最具挑战的是英语六级和写论文，我文字功底不好，不过上班后也都能练出来。

采访者：北建大规划专业的学生如何更好地利用和发挥学校的地缘优势？

受访者： 学校周边有很多大的设计院，多实习多听讲座。

采访者：您对城乡规划专业的新生以及在校学生有什么建议？

受访者： 紧跟时代信息，多关注时事新闻，多学新软件，比如 GIS、INDESIGN 等等，都要熟练掌握。

采访者：您对规划行业或者规划专业的未来发展如何看待？

受访者： 学科会越来越综合，对规划的要求也会越来越高，在有一定高度的同时规划还要能落地。

采访者：设计院或者社会对于规划专业人才的需求，以及对毕业研究生有哪些要求？

受访者： 有某一方面擅长的，基本功要扎实，软件要熟练，能吃苦耐劳，有忠诚度。

采访者：您对学弟、学妹还有什么其他的建议和提示？

受访者： 多和导师交流，学会导师的思维模式；有机会多出去实习，尤其去意向单位实习，不会的多问；关注行业动向，对新的知识点要有一定的认识和积累，提前把软件学会。

贾 宁

采访日期：2021 年 11 月 4 日
受 访 者：贾宁（以下称受访者）
采 访 者：路羡乔（以下称采访者）

个人简介：贾宁，男，本科、硕士均就读于北京建筑大学，目前就职于中国建筑设计研究院城镇规划所。

采访者：您对学校的印象是什么？或者说您对北建大规划专业的画像是什么？

受访者：从本科到研究生阶段，学校不管是从物质上的变化，还是从一些内在的，包括科研、老师的精神面貌，变化都十分巨大。我本科的时候，学校是比较传统的大学，然后到研究生的时候，学校正在经历发展过渡期，明显感觉学校各方面发展得都比较快。而且工作后我回过学校几次，已经和五年前完全不是一个样子。尤其是和工作以后和其他学校的同事接触之后，感觉我们学校的特点是十分接地气，是讲实干的风格。工作以后，我们领导、同事很多都是北建大出身，所以能体会到不管是领导还是专家，大家都是比较务实的，而且都是做技术出身，大家沟通起来思维模式也都比较相近。这就是我对学校的印象，可以说我们学校是一所实干的学校。

采访者：您当时选择到北建大城乡规划专业学习深造，是出于什么样的考虑？

受访者：那时建筑行业比较火热。尤其是男生，选择理工科较多。然后当时学规划，是对历史、地理、人文这方面比较感兴趣，规划更多的是一个综合的学科。工作这几年发现其实即便学规划，如果对某个行业比如说计算机有兴趣，其实这两个学科不是完全没有交集的，是可以共通的，只不过在于兴趣和精力怎么去分配。因为目前这个行业正处在变革期，比如华为宣布进军国土空间规划领域了，还是基于他们的数据优势，但是可以看到目前这两个行业之间的交集会越来越深。

采访者：北建大的学习经历带给您的最大的影响是什么？

受访者：我本科阶段学校比较注重传统技术知识，包括通过各种方式，把理论应用于实践，不是单纯的应试考试。研究生阶段，更多的是跟着导师做项目，所以实践的体验和机会更多了。

采访者：您在专业学习过程中师生关系是怎么样的？

受访者：我们工作的地点离母校很近，所以联系十分方便，业务上也有一些交叉，偶尔碰上就会聊一聊，包括教师节，我们就会回学校看望老师。

采访者：北建大城乡规划专业的学习经历，给您的深刻印象在哪里？收获有哪些？

受访者： 我在校基础打得比较扎实，对以后的工作有很大的帮助。当然这个也跟导师有关，有的导师是偏重于科研，有的导师以项目为主，通过项目给学生创造做研究的机会。

采访者： 您在学习期间对于对自己未来的发展规划与工作现实之间的关联度如何？

受访者： 从2019年开始全面推开国土空间规划之前和之后，是两个阶段。我2016年毕业，赶上了前面阶段的尾巴，所以在上学期间，学到的一些东西，基本上是可以直接应用于日常工作。但是从2019年之后开始的国土空间规划，不只是对学校，对整个行业，包括设计院都是很大的挑战。目前都是在从头摸索。学校和工作单位之间还是有一个比较大的差距。近两年感受十分明显，尤其是2019年，国家发文推行国土空间规划体系，到2020年真正铺开这项工作，学的东西已经开始偏向国土方向。

采访者： 您对规划行业或者规划专业的未来发展是如何？

受访者： 好多人都说我们是夕阳行业。目前更多的是一个变革期，由国土空间规划引发的，不只是影响法定规划，以后的城市设计、城市更新，包括目前很多的实践都会受到影响。所以主要是看自己，因为每个人即使学习城市规划，还会选择一个自己注重的方向，比如城市设计或者修详规，我们需要做的是从意识上转型，甚至一定程度要抛弃一些学校里学的知识和思维逻辑，所以我们行业有很大的不确定性，我理解应该会有更多的学科融合进这个专业，像原来有些比如靠主观判断或者靠一些战略研究来确定发展方向的方法会有转变。但是目前的变革肯定是更适应国家的需要，变成真正指导实践的学科。

采访者： 设计院或者社会对于规划专业人才，以及对新毕业的研究生有哪些要求？您对我们有什么建议？

受访者： 就业目前有几种类型：第一，设计院纯技术人员，技术人员也分为分两种，以项目为主和以科研为主。第二，在沟通、人脉的维护上有特长的人，会做一些商务管理工作，但是并不是完全放下专业技术，这是在技术之上的经营层面，也是一个方向。第三，基层的人员，当然这个基层人员就包括政府部门、体制内的管理工作，还有比如街道的责任规划师。目前还有一些新的渠道，比如说做一些建筑规划的公众号，进行知识文化传播，例如公众号"帝都绘"，就是比较受欢迎、比较讲究趣味性的公众号。此外还有培训教育行业，比如考注册规划师，许多人都进入了教培行业。找好自己的定位。

李晓楠

采访日期：2021 年 12 月 2 日
受 访 者：李晓楠（以下称受访者）
采 访 者：赵旭（以下称采访者）

个人简介：李晓楠，男，北京清华同衡规划设计研究院城市副中心分院空间规划二所副所长。
教育背景：2001 ～ 2006 年北京建筑大学本科，2009 ～ 2011 年北京建筑大学城市规划专业
硕士，导师：张忠国。

采访者：您对北建大的印象是什么？或者说您对北建大规划专业的画像是什么？

受访者：对于学校的印象，我觉得西城校区十分精致，历史底蕴非常厚重。我是北建大城市规划专业第一届学生，又在北建大读研三年。作为第一届学生，可以说是跟老师们共同探索了城乡规划专业的学科建设，是在建筑学的基础上，从无到有发展城市规划专业的过程。如果用画像来表述我们专业，那么我觉得北建大的城市规划专业是我国北方地区，尤其是北京地区，城市规划建设者的培养摇篮。

采访者：在您看来北建大规划专业相对于其他院校的特色和优势有哪些？

受访者：我认为北建大的规划专业与其他院校相比最主要的优势就是区位优势，这是得天独厚的，尤其是学校与周边一些设计院、规划院的联动，比如北京市城市规划设计研究院、北京市建筑设计研究院、中国城市建设研究院等。学生可以参与这些设计院的实习和培训，同时设计院也会跟老师们有合作，同学也能够通过导师参加到实际项目中，这种联动的机制是北建大的一大特色，可以说是其他学校没有的。

采访者：北建大的学习经历带给您比较大的影响是什么？

受访者：我认为在北建大的学习过程中，最主要的是北建大作为一个桥梁，让我更好地认识了北京，更好地了解了城市规划，对我后期的工作以及生活都产生了比较大的积极影响。

采访者：您在学习期间对于对自己未来的发展规划与工作现实之间的关联度如何？其中有什么经验和教训与我们分享吗？

受访者：我觉得我们要充分利用在学校学习的这段时间，一方面要学好专业知识，另一方面要充分利用学校的周边资源，通过实习或其他方式了解规划的分类、特点、发展趋势，从而明确自己想要在规划行业的哪一个领域发展，作为指引自己未来工作方向的基础。以我个人的经验，最开始在中规院实习，中规院主要做大尺度规划比较多，后来我也在清华大学老师的工作室实习过，通过这些实践过程判断出自己想要做城市设计方向的工作，因此最终选择了清华同衡规划设计研究院的详规中心。

采访者：在专业学习过程中，师生的关系如何？

受访者：在专业学习的过程中，老师跟同学不仅仅是师生关系，有时又像是哥哥姐姐跟弟弟妹妹的关系，十分亲密融洽。因为我在校学习期间，还是规划专业初步建立的这个阶段，老师们也很年轻，大家一起去探索城市规划专业应该如何学习，学科应该如何建设，大家在这个过程中一起成长。

采访者：北建大城乡规划专业的学习经历给您的深刻影响在哪里？收获有哪些？

受访者：在北建大城乡规划专业的学习经历给我留下最深印象的一点就是我们的西城校区不像其他传统的院校，我们学校虽然比较小，但跟城市完全融入在了一起，我们每天的学习生活都是在这个充满城市气息的学校中展开的，这也有利于我们的专业学习。

采访者：在您的专业学习过程中，您是否有过迷茫、困惑或者开心与乐趣？迷茫和困惑的解决方案是什么？

受访者：我在学习过程中确实也有过迷茫，主要是在本科大五实习结束的时候，对于未来的工作出路有些不知如何选择，不太明确自己在规划行业内能做什么。因此，我还是建议大家应该多去参与实际项目，更多地去参与实际工作，为自己未来的发展做好铺垫和准备。

采访者：北建大规划专业的学生如何更好地利用和发挥学校的地缘优势？

受访者：其实利用地缘优势不仅仅要在校学习，还要利用周末或假期去周边的设计院学习。并且，一定要选择好的设计院，我的建议是如果想对城市规划专业有更深更高的认识，想做大尺度规划可以选择中规院；如果偏好城市设计方向就可以选择清华同衡详规中心；如果爱好历史方向，可以选择去清华同衡的历史中心。根据个人的兴趣，来利用好北建大的资源。

采访者：您对城乡规划专业的新生以及在校学生有什么建议？

受访者：对于新生以及在校学生的建议，我建议大家一定要多走出校园，因为北京是国际一流的大都市，我们学校的学生要利用好北京核心区的优势，将城市认知和规划专业进行结合，更好地提高自己的专业水平。

采访者：您对规划行业或者规划专业的未来发展如何看待？

受访者：目前，中国的城镇化率已经超过了60%，我国城市规划未来的发展方向重点是推行存量规划，增量的阶段已经过去了，整个行业发展也是在经历一个比较大的变革。在这样的背景下，我校的学生一定要充分结合专业的变化、国家政策的变化来调整自己学习的重点方向，规划行业未来的发展可能会给大家提供更多不一样的就业选择。在未来的 5 ~ 10 年当中，城市更新、存量发展应当是重点的方向，需要重点关注。

采访者：设计院或者社会对于规划专业人才的需求，以及对毕业研究生有哪些要求？

受访者：设计院对专业人才的要求，我认为可以总结为三点：第一，要有比较强的方案设计能力，因为在规划院最多的就是项目，一定要具备良好的空间规划设计能力；第二，就是专业上的学术研究能力，设计院也会涉及许多学术层面的研究；第三，是表达能力，要善于表达自我、善于沟通、善于交流，这在规划行业中是十分重要的。

采访者：您对学弟学妹还有什么其他的建议和提示？

受访者：我对学弟学妹们的建议，从我个人经验来说，一定要尽快参加实习，利用学校中的各种资源，真正地参与到实际项目中去。因为学校的教育，包括理论课、设计课，跟设计院的实际项目是有很大不同的，所以一定要尽早实习，把实际项目跟学校课程学习结合起来。如果想去设计院发展的话，我推荐中规院和清华同衡，尤其是核心所，这两大院的核心所对于规划专业同学的实习是十分有帮助的。

刘 帅

采访日期：2021 年 11 月 3 日
受 访 者：刘帅（以下称受访者）
采 访 者：路羡乔（以下称采访者）

个人简介：刘帅，女，本科就读于北京林业大学，2008 年硕士毕业于北京建筑大学，目前工作于中国建筑设计研究院，工作内容以法定宏观规划、总体城市设计居多，修建性详细规划为辅，包括总体城市设计的居多。

采访者：您对学校的印象是什么？或者说您对北建大规划专业的画像是什么？

受访者：2010年前我们那会儿，我觉得整体挺好的，因为那会儿规划可能没有现在的人多，我们那会一届十几个人。整体来说，无论是规划专业还是建筑专业的学习氛围都是比较积极向上的，人都比较好，大家合作关系也较好。老师也不是特别多，实习项目上大家都是互帮互助，包括后面找工作，包括现在工作当中也是一样的，虽然毕业许多年了，和老师关系一直还不错。我感觉学校还不错，虽然咱们学校面积很小，但是去哪也比较方便，空闲的时间，大家也会有一些活动。

采访者：您本科是北林的，为什么当初选择了北京建筑大学规划专业继续深造？

受访者：一个原因是北林的城市规划不是传统意义的城市规划，是偏景观的。本科时候规划的课很少，除了规划原理和城市设计，基本上都是以园林工程居多。当时对北建大不是很了解，因为北建大本科录取外地学生较少，也没有研究过这个学校，一个很偶然的机会，我当时的一个同学提到这个学校，我个人而言不是很喜欢景观，因为景观是比较细小和细微的，我还是对宏观的方向比较感兴趣，但是我又不想离开北京。还有一个原因是我有一个学长，他当时也考了这个学校，感觉北建大受认可程度很好。

采访者：您在学习期间对于对自己未来的发展规划与工作现实之间的关联度如何？

受访者：我选择荣玥芳老师也是机缘巧合，荣老师的项目以宏观居多，从最开始的总规，到后面的村庄规划、控规，我一直对宏观的东西比较感兴趣。当时找工作的时候，也是不太想找与城市设计相关的，还是想找法定规划相关的。所以我去了一个以法定规划为主的设计院，包括后面的一系列的工作还是以法定规划居多。整体来说，我的学习和工作基本上是很匹配的。

采访者：您对规划行业或者规划专业的未来发展是怎么看待的？

受访者：我觉得无论是规划行业，还是别的行业，其实都是一个精细化的过程。可能以前的规划比较单一。现在分成国土空间规划、概念规划包括有前期的策划等，所以我觉得未来行业内部是越来越细化了，比如一些政策性的导向、公共管理，我觉得未来的规划可以细分为很多种，主要看你擅长哪一块。可能会跟建筑师的合作变多，包括我觉得城市设计可能更多的也是落地性，不像以前是一个图纸上的东西，更多的需要跟建筑、景观、市政、交通各个行业去打交道，要真正把图纸要落下去，所以我觉得未来的行业肯定是学科混合的发展趋势，而且更注重沟通协调的能力。

采访者：设计院或者社会对于规划专业人才的需求，以及对毕业研究生有哪些要求？

受访者：专业能力是首要的，其次是沟通能力，现在设计院更看重沟通的能力。研究生肯定是也有差别的，好的学校和差的学校是能看得出来的。但是在选择人的时候，我们还会看第二个，哪怕是很优秀的人，但是不善于沟通，或者说是一个自我意识特别强的人，可能项目组都会 pass 掉，在工作中没有人愿意跟你合作，所以沟通能力是很重要的。第三，要有善于学习和善于钻研的精神。这个所谓的学习不是专业上的学习，而是广泛的学习，无论是经济、地理还是历史，比如说有一个点，你能通过这个点发散开，这个能力很重要。最后，逻辑能力要很强，目前设计院带头大项目的人都是逻辑思维特别强的人，他能很快把握住这个项目的重点和难点，但是这个能力学生刚开始工作肯定是不行的，都是慢慢随着项目积累培养出的能力。因为职业生涯最终的核心能力是对事情方向的把控，可能需要花很长的时间去学习，不是与生俱来的。

采访者：在学校生活学习，与老师之间的关系跟同学之间的关系，您对师弟师妹还有没有一些建议？

受访者：我觉得生活上老师既是你的老师，也可以是你的朋友。因为咱们学校好多研究生是外地的，其实在北京没有家的感觉。同学之间肯定要友善，很多事情不要斤斤计较，大家心态要放平和，年轻人有的时候难免会有冲突，大家都退一步，要和睦。多听听老师的建议，无论是工作还是学习，特别是后面找工作的时候，多找老师、多听老师的建议。老师毕竟是过来人，要充分应用老师的经验和资源。然后，还有要跟学长学姐，包括以前的同学多保持联系，把自己的资源最大化。

谭杪萌

采访日期：2021 年 11 月 2 日
受 访 者：谭杪萌（以下称受访者）
采 访 者：张家伟（以下称采访者）

个人简介：谭杪萌，男，现就职于中国城市规划设计研究院，注册规划师。2005 年考入北京建筑工程学院（现为北京建筑大学）城市规划专业；2010 年 7 月进入北京建工建筑设计研究院第六设计所，开始规划师生涯。后考入北京建筑大学城乡规划专业攻读硕士研究生，2015 年毕业后入职中国城市规划设计研究院。

采访者：请您谈谈您工作以来的工作心得、主要研究类型与方向、工作主要成绩以及主要作品。

受访者：我 2015 年入职中规院工作后是在区域所，主要的研究类型与方向是总体规划、战略规划，宏观层面的规划比较多，做的比较大的项目是石家庄市、青岛市国土空间规划，有六七年了一直在跟进，从战略到总规再到国土空间，其他还有很多区县一级的。

采访者：相比于 2015 年的采访，现在的您对规划的心态或者认识有没有什么变化？

受访者：2015 年我还没到中规院工作，那会还在北京建工建筑设计研究院工作，市场环境也比较好。我在的六所不大，也就十个人左右，那会是在研究生阶段接手了河北省和河南省的两个县级总规，现在回过头来看曾经做的东西能发现自己很多的不足，因为发展阶段不同，甲方诉求也不同，当时主要是满足空间扩张需求，深入研究、解决问题的视角不多，当时自我感觉还比较得心应手，看以前的结论其实有好多"拍脑袋"的东西，研究不够深入。

采访者：您对学校的印象是什么？或者说您对北建大规划专业的画像是什么？

受访者：从 2005 年开始我本科就读于北建大，到 2015 年硕士毕业前都是在学校的建工设计院工作，硕士毕业后入职中规院，在北建大也呆了 10 年。对学校的感情很深，北建大底蕴深厚，学校区位也比较好，离一些大设计院、科研机构、部委比较近，学术资源很丰沛。另外是近几年学校的高精尖中心发展得很不错，经常有一些专家或者大咖来讲座、牵头做一些课题，这对北建大来说都是很好的资源，有助于专业实力进一步增强。

采访者：北建大学习经历带给您比较大的影响是什么？

受访者：荣玥芳老师对我影响很大，在校做总规的经历，一次是课程设计，一次是毕业设计，我跟着荣老师那组做南阳社旗县的总规，是真题假做，当时对总规的兴趣很大。另一方面是我不是特别擅长素描、水彩，所以当时不是很愿意参与修详规、城市设计，想少做画画的、设计表达的，要么去做保护，要么去做宏观的总规，所以学校的课程设计和实践经历对我影响还是很大的。

采访者：您在学习期间对于自己未来的发展规划与工作现实之间的关联

度如何？其中有什么经验和教训与我们分享吗？

受访者：多看一些书，不要仅仅满足于上课与课程作业，我上学的时候看得可能不多，这算是提供给大家的一个教训。另外是多参与实习，一次是大四的寒假，在一个建筑设计公司，那是我第一次接触到实际工作，觉得自己啥也不会，实习后收获挺多的。另外一次对我影响比较大的是 2009 年左右的假期，汤羽扬老师介绍我去中规院实习，当时去的名城所，带我的老师是现在中铁的左总，那会左总还是名城所的工程师，带着我一起去江苏江阴出差做保护的项目，手把手教我，他快速学习的能力特别强，同时他的研究精神对我影响也特别大。

采访者：您对城乡规划专业的新生以及在校学生有什么建议？对即将毕业的学生就业有何建议？

受访者：多看书，像纯理论的这种书可能比较枯燥，其他相关专业的比较畅销的书也可以翻一翻，不见得读得很精，多做了解，开阔视野。另一个是多实践，有机会的话周围的这些大院多转转，不同的单位研究方向不一样，比如清华同衡做详规、更新研究比较擅长，中规院对大的宏观战略、城市结构比较擅长，外企对城市设计比较擅长。研究生要考虑将来做哪个方向，寒暑假有空一定要去实习，肯定会有收获。其实我实习得就比较少，只去过体制内的大院，像外企我没去过，这也是我读研期间的一个遗憾。另外，毕业后第一份工作还是挺重要的，包括眼界的培养、习惯的养成。一开始在小公司，虽然角色成长很快，但是没有业务水平高的前辈带，靠自己学成长得慢而且容易"走偏"，人都有惰性，只有自我要求高的人才可能一直成长，所以去一个比较大的平台还是很重要的。

采访者：您对规划行业或者规划专业的未来发展如何看待？

受访者：规划正处于变革时期，从传统城市规划到国土空间规划，比如总体规划，以前咱们城规只管城市中心城区，外围市域就是"点轴圈带""三结构一网络"这些，现在要把国土的内容，比如生态、环保、耕地、林地保护都放到里面，这些内容本科教育都是缺失的，研究生期间我建议大家多学一学这些内容或者通过实践去学习一下。再一个是新时代发展理念和模式的转变，城镇化增速放缓，这一两年地产纷纷衰落，其实核心根源是中国城镇化走到了后半程，人口老龄化、农村人口向城市转移没那么强了，城镇化在核心城市群的城市扩张动力没那么强了，所以现在做规划的方向和方法会有相应的变化，以前是扩张式的规划，现在到了精细化治理、高质量发展、高水平生活的阶段，规划更多的是解决城市问题，解决存量问题，做精细化研究，更多的是收缩式、存量式、落地式的规划方案，如北京等城市已经完全展开责任规划师制度，规划沉到基层，解决老百姓们的实际问题。

采访者：您对北建大规划专业的人才培养未来有什么期待或建议？

受访者：咱学校随着发展肯定会越来越好，我认为人才培养应该更贴近需求，包括市场、国家，让同学们有更多的实践，有更多的方向。未来肯定会分化，有为国家服务的，做区域层面的规划；有给地产公司等利益群体服务的；也有贴近街道的为老百姓服务的，比如社区规划师。这种多元的方向，学校都应该涉及，北建大是建筑类院校，对社会科学这方面可能不是很擅长，可以多关注社会学方面的研究，多拓展一些，对学校未来的视野、市场、人才培养都是有帮助的。

窦占一

采访日期：2021 年 11 月 2 日
受 访 者：窦占一（以下称受访者）
采 访 者：孔远一（以下称采访者）

个人简介：窦占一，男，北京建筑大学毕业校友，任职保利地产公司。

采访者：您对于北京建筑大学的印象如何？

受访者： 印象非常好。当时校区跟现在相差无几，我在北建大攻读本科和硕士学位一共生活了八年，对学校的感情是深厚的。我从高中走向大学，再向职场过渡，也是在北京建筑大学内完成的，在这我还特别要感谢学校的老师和同学们。

采访者：您当时为什么选择来北建大读书呢？

受访者： 高考时我想学规划，但对规划行业不太了解，虽然可以考天津大学，但当时没有规划专业。在北京读大学，对我来说北京建筑大学是最好的选择。

采访者：您觉得北建大的规划专业相对于其他同等或更高学科评级的规划专业有什么优点或优势呢？

受访者： 第一，北京建筑大学的老师非常专业，有很强的业务实践能力；第二，我们上学的时候是北京建筑工程学院开办规划专业的第二年，身边同学对专业领域的学习都非常有热情；第三，北建大的规划专业是以建筑学为基础开展的，对我们的工作来说建筑基础是非常重要的。最开始的时候我的建筑也不是十分优秀，是后来慢慢加强的。

采访者：您觉得规划专业的学习对您在学习、就业方面有什么影响呢？

受访者： 我毕业的时候，规划专业人才比较匮乏，规划领域对人才需求比较大。我获得第一份工作的时候，一共招十人，其中有八个建筑学专业学生、两个规划专业学生。可能因为规划专业的人才不拘泥于自己所学的专业，在这十个人当中两个规划专业的人能较快速脱颖而出。在国外的规划理论中，规划更像是一个利益博弈的平台，而规划专业的同学更擅长于处理这些关系，解决一些宏观问题。

采访者：跟着自己的导师一定能学到很多东西吧？

受访者： 我们来学校比较早，比张老师来得还要早一些。张老师社会能力比较强，这也是我们在工作当中特别需要的能力，很多的问题是需要沟通、协调来解决的。

采访者：您对在校的学子有什么建议吗？

受访者： 对规划专业的同学来说，不拘泥于专业学习，规划专业知识面越广，能力越强。多去参加社团、社会活动，多了解社会其他领域的知识，这些都对规划领域的工作十分重要。同时，建筑学基础也十分重要，多回顾建筑构造、防火设计等建筑学的内容，学扎实基础的内容。

采访者：您怎么看未来一段时间内规划专业的发展趋势呢？

受访者：规划专业现在跟过去有很大不同。原来国内规划是去学习国外怎么做。现在中国城市规划的发展逻辑已同国外有诸多不同。我们在城市发展的道路上已经走出了中国的特色。对于规划理论、理念，一定具体城市问题具体分析，提出合适的规划措施和策略。规划思路的转变体现在大部分规划需要解决城市后续发展问题。我们需要提出包括但不限于规划、政治、经济和文化上的具体解决措施，要综合处理。

采访者：您对学弟、学妹还有其他想说的吗？

受访者：在这所学校的时光非常美好，要抓住这段人生最美好的时光，无论是去学习、去谈恋爱、去见识世界，一定不负韶华！

白　璐

采访日期：2021 年 11 月 28 日

受 访 者：白璐（以下称受访者）

采 访 者：吴勇江（以下称采访者）

个人简介：白璐，女，2012 年毕业于北京建筑大学城乡规划专业，现就职于中国城市发展规划
设计咨询有限公司，任《小城镇建设》杂志高级编辑。

采访者：请谈谈您工作以来的工作心得、主要研究类型与方向、工作主要成绩以及主要作品。

受访者：我2012年毕业，工作近10年，一开始从事的是规划设计工作，做过各种类型的项目，居住区规划、城市设计、控规、总规、专项规划等都做过。目前在行业科技期刊做编辑工作。

采访者：相比于2015年的采访，现在对规划的心态或者认识有没有什么变化？

受访者：和2015年相比，少了一些年轻气盛，多了一些成熟稳重。逐渐认识到很多事情存在即合理，能解决的问题尽量解决，暂时解决不了的抽时间会去解决。把自己该做的事情做好，其他的放平心态就好。

采访者：您对学校的印象是什么？或者说您对北建大规划专业的画像是什么？

受访者：北京建筑大学历史悠久，城乡规划专业办学20年来，为城乡规划建设领域培养了很多实用型人才。学校在城乡规划学科建设方面较为全面，学习的科目类型丰富，各种尺度的规划都有课程安排，理论与实践也有很好的结合。规划专业的校友大多基础扎实，工作中上手比较快，可塑性也较强，只要勤学肯干，一般也都有比较不错的发展。

采访者：您在学习期间对于自己未来的发展规划与工作现实之间的关联度如何？其中有什么经验和教训与我们分享吗？

受访者："理想很丰满，现实很骨感"。上学时候做的设计其实是最纯粹的，可以将你的想法完完全全落在设计中，而实际工作远没有在学校做设计时那么理想化，需要考虑和协调的内容有很多，会遇到各种各样的困难，需要妥协的方面也很多，每天的工作也会很琐碎，所以还是要珍惜在学校上学的时光。

采访者：您对城乡规划专业的新生以及在校学生有什么建议？对即将毕业的学生就业有何建议？

受访者：建议刚入学的同学好好利用在校的时间，本科五年、研究生三年看似漫长，实则转瞬即逝。合理规划时间，利用假期多到外面走一走、看一看其实很有必要，早点接触社会也有助于更好地认识世界。在兼顾学业的同时也要好好"玩"，可以多去做一些尝试，现在是一个多元的时代，不必一定沿着前人的路走，遵循自己内心想要的，找到自己的目标和适合自己的发展方向。并且在校的时间还是相对充裕，上班后不会再有那么多自由的时间。最好是再多学会一项其他技能，或发展一项其他爱好，这样在你实在不想做专业的时候还可以转变其他方向。在校时间短短几年，能学到的知识也有限，还有很多东西是需要在工作中不断学习积累的，在校期间重要的是建立意识形态与掌握学习方法，紧跟社会发展脚步，与时俱进，不断更新知识结构，才能更好地适应社会环境。

采访者：您对规划行业或者规划专业的未来发展如何看待？

受访者：国家在住房、土地及经济社会等多方面政策进行调整，规划行业面临转型，由过去的粗放型大规模发展向集约型高质量发展转变。还是要不断地学习，尽快适应这种变化。

采访者：请您谈一谈设计院或者社会对于规划专业人才的需求，以及对毕业研究生有哪些要求？

受访者：未来对人才的要求肯定是越来越高的，毕业生们在学习能力、应变能力、抗压能力等方面都要再有所提升。保持好的心态也很重要，在当今人才济济的时代，更应脚踏实地，切忌好高骛远、眼高手低。另外，有时间一定要多读书，千万不要认为我们只是一个"画图的专业"，画好图就够了。很多同学将大部分时间和精力放在做设计上，而在应用文写作方面比较薄弱。不管是毕业论文，还是未来工作中，其实需要写作的地方还是挺多的，所以要注意加强写作训练。

杨慧祎

采访日期：2021 年 12 月 2 日

受 访 者：杨慧祎（以下称受访者）

采 访 者：张宇廷（以下称采访者）

个人简介：杨慧祎，女，2014 年本科毕业于沈阳建筑大学城市规划专业，2017 年研究生毕业于北京建筑大学城市规划专业。曾参与《北京滨水空间城市设计导则》编制等工作。

采访者：请您谈谈工作以来的工作心得、主要研究类型与方向、工作的成绩以及主要的作品。

受访者：我是 2017 年在北建大研究生毕业开始工作的，到现在应该是四年半。这四年半我基本上都是在做详细规划这个层面的相关工作，特别是一些规划的管理，包括城市设计的一些管理制度的研究，做得比较多。还有就是涉及控规和控规层面城市设计相关的一些项目，重大项目包括雄安新区等，那都是我在刚入职时参与的，相当于是做一些配合工作，后来参与的一个比较好的项目是针对北京编了一本导则——《北京滨水空间城市设计导则》。这个就应该是我参与的比较多、排名比较靠前的一个项目。

采访者：好，谢谢。您对我们学校的印象是什么？或者说您对北建大整个规划专业的画像是什么样的？

受访者：扎根北京就是特别明显的一个点。立足实践，我觉得这也是一个明显的点。其他院校如清华大学，他们可能不管是教学还是实践，都是更加理论性的，可能从事研究是更主要的方向。但是北建大从教学到后续的一些培养、实践，老师带学生参与一些具体的项目，都是从实践角度出发，包括一些课程中老师也都是在教做事的方法，可能在更深的理论层面的输出并不是非常多，可能也是我们学校主要的一个发展方向。

采访者：在您看来北建大的规划专业相对于其他院校的一些优点和优势是在哪里？

受访者：北建大的优势，我感觉最突出的应该就是地理位置。首先是在北京，我本科不是北建大的，本科就读于沈阳建筑大学的。我本科的时候在沈阳，来到了北京之后，我感觉有一个非常明显的变化就是，我能接触到规划专业领域的信息更新得非常快。在原来本科学校学习时，学的是传统的规划、很经典的规划理论，传承下来的那种方式。读研究生时在北京这边接触到的一些新的提法、新的政策、导向，更新很快，也影响到我们的课题或者理论的研究。另一个就是我们学校所处的西城校区的地理位置，就在一群设计院的中间儿，离住房和城乡建设部也很近。在我读研期间，我是基本上 3 年的时间有一大半儿都在部院实习。像我的同学，他们有在清华同衡实习的，有在中规院实习的，基本上每个人都有实习，还有的同学是在住房和城乡建设部借调，感觉这些经历对于一个学生来说都是提前与社会接触的机会，以后真正到了工作岗位也能更得心应手，我觉得这个是非常宝贵的。

采访者：对即将毕业的学弟、学妹，不论是本科生还是研究生，您有什么建议？

受访者： 因为我毕业之后就去设计院了，我也只试过这一条路，没有去过地产或者其他的方向。所以我也没有资格去说哪条路更好，可能我觉得这条路比较大众，也比较适合我，所以我是这样选的。毕业生如果要是想选择走这条路，我的建议就是在以应届生身份应聘的时候，尽可能为自己找一个更大、更好的平台，不要去计较一些眼前的得失。比如说工资、户口，虽然很重要，但我觉得从长远的发展来看，都不是特别重要的问题，这些问题可能会通过各种各样的方式去解决。我觉得一个人职业生涯的起点，是非常重要的。所以我能给的一个非常真诚的建议就是尽可能为自己找一个更好、更大的平台，你能接触到的项目，你能接触到的人、能学到的东西，可能也都是其他的平台给予不了你的。这个是我的第一个建议。第二个建议是更实在的，就是一定要趁着还没有工作的这段时间好好玩儿。因为其实读研这几年一直都是比较忙的状态，大家都有各种各样的工作、实习，需要写各种各样的论文。平时我感觉至少说我从入学一直到快毕业的那段时间，一直都没有什么机会去跟同学们一起玩儿，一直到我论文交完了，工作找完了。这段时间到毕业之间会有一个非常好的空档期，一定要把握好，跟同学好好去玩，工作后可能很久都见不到同学们了。

采访者：您对于我们北建大的城市规划未来的发展有什么期待或者是建议？

受访者： 希望博士点申报能尽早完成吧。

采访者：对于我们整个规划行业或者是整个规划专业的未来发展是什么样的看法，如何看待？

受访者： 现在规划应该说是处在一个变革时期，虽然规划一直在发展，理念一直在创新，但是可能这个时候值得我们放慢下来，好好想清楚了再去做，这个时候我觉得可能要选好一个方向，因为城市发展也在从追求速度、大拆大建，向内涵式提升、精细化发展的方向转变。我们规划人也应该顺应这个规律、顺应这个合理的周期，慢下来。

吴建民

采访日期：2021 年 11 月 28 日
受 访 者：吴建民（以下称受访者）
采 访 者：周迦瑜（以下称采访者）

个人简介：吴建民，男，北京建筑大学 2013 级硕士毕业生，导师张大玉。现就职于中国航空
规划设计研究总院有限公司，主要从事临空经济区、产业园区等方面的规划设计工作。

采访者： 您对学校的印象是什么？或者说您对北建大规划专业的画像是什么？

受访者： 北建大是一所建筑底蕴非常浓厚，有历史、有创新，也有对未来思考的高校。

采访者： 在您看来北建大规划专业相对于其他院校的特色和优势有哪些？

受访者： 北建大为规划专业提供了国内一流的平台，未来城市设计高精尖创新中心汇聚了国内外著名设计师，也汇聚了国内优秀的教师资源，同时北京市的大力支持使北建大的规划学科走在了国内前沿。

采访者： 您当时选择到北建大城乡规划专业学习深造，是出于什么样的考虑？

受访者： 借助北建大提升自己的专业水平，接触更多行业先进的资源。

采访者： 北建大学习经历带给您比较大的影响是什么？

受访者： 在北建大不仅可以学到规划专业的课程，也可以跟随导师接触到实际项目，另外导师组可能会有来自多个专业的同学，大家在一起可以有更多的学习、提升空间。

采访者： 您在学习期间对于自己未来的发展规划与工作现实之间的关联度如何？其中有什么经验和教训与我们分享吗？

受访者： 学习期间对未来的规划主要是通过工作实现专业方面的追求，但实际工作中最重要的是从项目中进行再学习，学校的知识只是工作中的起点，主要还是依托项目积累实践经验，得以成长。

采访者： 在专业学习过程中，师生的关系如何？

受访者： 师生关系非常好。张大玉老师和欧阳文老师非常注重对我的培养，在生活中也给予我很多照顾，非常感谢他们。

采访者： 北建大城乡规划专业的学习经历给您的深刻影响在哪里？收获有哪些？

受访者： 北建大使我对规划专业的认识更上一个台阶，大大提升了我的专业水平和实践能力。

采访者： 在您的专业学习过程中，您是否有过迷茫、困惑或者开心与乐趣？迷茫和困惑的解决方法是什么？

受访者：有过迷茫、困惑，也有过开心、乐趣，当迷茫和困惑时，我会和导师聊一聊，他总是能给我很好的建议。

采访者：您在专业学习期间，自己日常会面临主要问题有哪些？其中最具有挑战性的部分是什么？

受访者：主要问题就是实践经验的缺乏，自身的专业知识在项目实践中往往会体现出短板。

采访者：北建大规划专业的学生如何更好地利用和发挥学校的地缘优势？

受访者：应充分利用北京的资源，把北京这座城市当作实践的大学，在这里你可以听最好的老师课程、参加最顶尖的行业论坛、逛国内最著名的建筑。

采访者：您对城乡规划专业的新生以及在校学生有什么建议？

受访者：学习之余，多出去走。多在北京逛，也多走出去逛。多去体验城市、人文和自然。

采访者：您对规划行业或者规划专业的未来发展如何看待？

受访者：规划专业已经迎来变革，传统的学习方法、工作方法需要改变，要突破专业的限制，积极学习互联网、大数据等先进技术，为本专业做好服务。

采访者：设计院或者社会对于规划专业人才的需求，以及对毕业研究生有哪些要求？

受访者：设计院近两年由于新冠肺炎疫情，项目大受影响，但是长远来看，对规划专业人才的需求量仍然巨大。

采访者：您对学弟、学妹还有什么其他的建议和提示？

受访者：珍惜在校生活，多和导师交流，多进行实践，多出去走，这些都是财富。

李紫祎

采访日期: 2021 年 11 月 28 日
受 访 者: 李紫祎 (以下称受访者)
采 访 者: 李耀 (以下称采访者)

个人简介: 李紫祎, 北京建筑大学 2015 级本科毕业生, 现就职于北京市规划和自然资源委员
会大兴分局, 主要从事行政管理有关工作。

采访者：请您谈谈您工作以来的工作心得、主要研究类型与方向、工作主要成绩以及主要工作内容。

受访者：我是公务员，主要工作偏行政，未从事科学研究。其中在北京市规划与自然资源委员会大兴分局实施科工作约两个月时间，主要工作为对接地块综合实施方案，负责审查总平面图、拨地等工作，与本专业大三之前的相关专业内容存在一定关联。其余时间均在修复处借调，主要参与北京市国土空间生态修复规划，落实北京市中央生态环境保护督察反馈问题整改等有关工作。

采访者：您对学校的印象是什么？或者说您对北建大规划专业的画像是什么？

受访者：画像是由暗渐明的渐变色吧，就像 photoshop 里选一个色系后从左下角画一条指数曲线。大一是黑的，设计课简直是整个学生时代的噩梦，不擅长手工和图纸的我无所适从，投入时间没有产出，持续"混日子"；大二是灰的，仍然无所适从，短板无法补充，无信心，怀疑自身各种知识积累是否因入错行业而全部成为无用功，但心态已渐平和，接受了难以填补的短板，逐渐探索发挥长处的路径；大三初见色彩，有人肯与我的小组合作，也有老师开始认可我的部分观点，虽然不是设计方向上的观点，书面语言表达开始介入学业，我也逐渐能看到自己能有栖身之所；大四是最艳丽的，能在总规课程的组内撑起一个专项，终于能成为"靠得住"的一股力量，也能在城市设计中，在不擅长的领域里，做到平均水平不拖后腿，也逐渐能够成功应用图纸表达方面的一些小技法；大五是绚烂的，不论如何，还是拿了一个我忘了是哪个层级的优秀毕设，也先不论最后毕设的队友们是怕任务繁多还是真信任我，让我能当组长，也感谢各位同学出色完成了自己的设计任务，感谢五年来各位老师的教导，使我这五年，在心里为北建大绘出一幅多彩的画卷。

采访者：在您看来北建大规划专业相对于其他院校的特色和优势有哪些？

受访者：我认为，我校最大的优势在于实践性强，所有的任务都切实要求学生落实；其次在于过程中能有针对性地加以引导，而非讲授共性，能在指导中带领学生发现和解决问题。多谈两句，过程性的思考和投入有时并不能准确体现在最后的评价上，虽对50余名学生做到完全公平、多维度评价难度较大，且我校注重扎实基础能力的培养，但唯成果论、唯图纸论的比较刻板的评价体系会在一定程度上打击学生的积极性。

采访者：北建大学习经历带给您比较大的影响是什么？

受访者：认识到自己画图和手工确实不行，缺的可能是几十年的功夫，所以空羡他人无用，应自省为先，寻可扬长避短之路；认识到做好组内分工极为重要，集众人之所长，可更多更好地解决问题。

采访者：您在学习期间对于自己未来的发展规划与工作现实之间的关联度如何？其中有什么经验和教训与我们分享吗？

受访者：关联度不高，都是妥协的产物。当时高考后校招会还觉得自己一定会读研，询问我校研究生相关情况，到最后发现自己根本考不上。但现在的工作干起来还算顺手，能应付得了交办的任务，远离了最不擅长的画图领域，也算是找到了自己的出路。教训就是一定盯紧就业方向，积极收集信息，并调整自身方向。一定要提早了解自己意向出路上的最大难题，不要像我到大三才知道考研还要手绘快题，又从心里逃避考研，兜兜转转才勉强找到一条出路。

采访者：在您的专业学习过程中，您是否有过迷茫、困惑或者开心与乐趣？迷茫和困惑的解决方法是什么？

受访者：开心和乐趣主要来自于被师生认可，尤其是一些设想。迷茫和困惑一是想法无法充分通过图纸表现出来，也就不能通过分数表现出来。二是大学与之前12年所学基本毫无关联的心理落差。

采访者：北建大规划专业的学生如何更好地利用和发挥学校的地缘优势？

受访者：能在北京接触到最前端的设计成果，能更先享受到政策和城市带来的红利，我校据我了解在北京市的就业市场中还是较受欢迎的。

采访者：北建大作为地方高校，您认为规划专业应该如何进行在地服务、助力北京三规落地呢？

受访者：北京市委主要市级层面规划基本会委托市级规划院进行编制，我校规划专业应与市规划院进行充分交流，积极邀请市规划院来校讲座、座谈，深刻把握首都规划发展脉络，了解最新规划成果，从而在区、镇、乡等层面发挥我校所长，引导学生积极投身北京市三规落地工作中，也使学生能更好地通过全局学习构建规划体系，获得更好的提升。

采访者：您对城乡规划专业的新生以及在校学生有什么建议？对即将毕业的学生就业有何建议？

受访者：一是一定不能忽视在图纸表达训练外的语言文字表达训练，设计逻辑的构建和表达才是自我提升的关键，目前在工作中接触到的地块以上尺度的规划主要看的是文本、论证过程和整体把握，而不是图纸表达精度，切莫舍本逐末。二是找寻自己的特长并积极发挥探索，切莫只关注自己的短板而限制自己的发展方向。

采访者：您对北建大规划专业的人才培养未来有什么期待或建议？

受访者：一是增强文字表述等方面的训练；二是结合北京市特点，增加生态空间、减量发展、多规合一等特色专题课题。

张应鹏

采访日期：2021 年 11 月 28 日
受 访 者：张应鹏（以下称受访者）
采 访 者：周原、吕虎臣、康北、王鹭、张彩阳（以下称采访者）

个人简介：张应鹏，女，北京建筑大学城乡规划专业 2013 级本科生，目前硕士就读于北京大学建筑学研究中心读研。

采访者：请您做个简短的自我介绍，以及主要研究类型与方向是什么？

受访者：很高兴得到这次访谈的机会。我现在在北京大学建筑学研究中心读研三，相当于是转专业了，北大建筑学研究中心和其他学校不太一样，是以理论研究为主，研一进来就会找一个研究的方向，找我感兴趣的问题，然后自己选择题目写论文。理论研究这方面做得内容比较多，涉猎中国园林和现代建筑等，即将毕业后打算去建筑事务所，作一名建筑设计师。

采访者：谈谈您对北京建筑大学城乡规划本科五年学习生活的印象？

受访者：咱们学校最大的特点就是学校"小而精"，因为西城校区跟大兴校区其实是一个分离的状态，整个西城校区非常的 "专"，建筑类的特质非常突出。我觉得建筑学院最好的就是低年级是五个班一起上课，同一个作业能看到不同专业做出来的特点。同时，学校"小"其实也有"小"的好处，所有的事情都会变得非常高效，起床立刻就可以到达教室，我们有自己的专教，有自己学习的空间，这是其他专业所没有的，规划专业最大的特点是分组作业，不同的课题会和不同的人组队，这种团队合作交流其实比其他专业好很多，这也是我在本科期间收获最大的地方。

采访者：有哪些老师给您留下了较深的印象？

受访者：范霄鹏老师带我做过住宅别墅的设计，范老师让我对建筑学这个学科有了一定的了解并产生了兴趣，老师经常动笔手绘和示范也留给我非常深刻的印象。苏毅老师经常笑呵呵的样子，但其实很辛苦，他经常熬夜加班，之前在苏老师的工作室实习过一段时间，老师的亲和力与整个工作室的氛围都特别好。另外还有很多规划系的老师，都给予过我帮助，不论是学习、生活还是考研、升学等，老师们人都特别好。

采访者：在北京大学这样一个更好的校园和平台中学习生活，有什么感受想分享给学弟学妹们？

受访者：专业上和北建大反倒没有特别多的区别，尤其是规划专业，做的项目类型两个学校差不多，更多的是学到了很多不同的看问题的方法，看问题的方式更辩证了，就是大家习以为常的说法，你会去反问几个问题，这样真的好吗？为什么会这样？来到北大以后，我感觉北大的学生有一个别的学校学生很少有的特点，就是他们会耗费大量的时间在一个可能不是专业的事情上，可能是业余的事情或者是兴趣爱好方面的，北大的学生因为跟校园环境有关系，他们社团做得特别好，从大一的"小白"到大四毕业，学生就能把这个事情做到很专业的程度并具备一定的理论储备。我觉得这个事情对我触动还挺大的，我本科时候对于自己喜欢做的事情都是觉得做点皮毛就够了。无论你做什么事情，只要花费足够多的时间在一个事情上，就可以把这个事情做得很好，这个是我在北大感触最深的一个地方，我觉得即使没有这个环境，其他学校的学生也是可以做到的，只是我们没有意识到这个问题。

采访者：谢谢学姐的回答，那最后给学弟学妹们一句寄语吧。

受访者：人的精力是有限的，要有选择，能做成一件事已经很了不起了，确定一个目标，在很多想做的事情中，你的选择会让你更清晰、更坚定。

叶昊儒

采访日期：2021 年 11 月 28 日
受 访 者：叶昊儒（以下称受访者）
采 访 者：赵旭（以下称采访者）

个人简介：叶昊儒，男，2013 年考入北京建筑大学，2018 年毕业。2021 年参加工作，目前
任职于中国城市规划设计研究院历史文化名城所。

采访者： 您对学校的印象是什么？或者说您对北建大规划专业的画像是什么？

受访者： 对于北建大规划专业的画像，我认为北建大地处北京，具有很强的地缘优势，可以说北建大的规划专业是服务于北京、立足于首都建设的，同时学校与许多位于北京的规划设计院有合作，既服务于北京乃至全国的规划建设工作，又为学生提供了很好的发展平台。

采访者： 北建大学习经历带给您比较大的影响是什么？

受访者： 回忆在北建大的学习生活经历，我认为是十分自由的，在这里学习，我可以选择做我想做的事，同时老师们也会给予我们很大的包容度，老师们非常愿意尽其所能给予同学们帮助，使得我们在校学习期间有比较多的时间来做自己的发展规划，并付诸实践。在这样的环境下每个同学都能够得到个性化的发展，这一点带给了我比较大的影响，一定程度上引导了我后期学习与工作方面的发展。

采访者： 您在学习期间对于对自己未来的发展规划与工作现实之间的关联度如何？其中有什么经验和教训与我们分享吗？

受访者： 从学习时长角度来说，首先北建大规划专业本科是五年制，如果继续攻读硕士，前后需要八年的时间。但八年的时间对于规划行业来说是非常长的，而且城乡规划的发展是十分迅速的，很可能在本科期间学习的知识所达到的水平会不及工作单位对你的能力要求。所以，我个人的感受是我们需要在学习与工作态度、分析事情的方法以及为人处事层面不断地成长，不断地提升自己，这是我认为个人规划和工作现实之间出现预期偏差时最重要的应对策略。

采访者： 在专业学习过程中，师生的关系如何？

受访者： 在专业学习过程中师生关系是很融洽的。人与人之间是相互的，老师们对同学们都很无私，我们也应该对老师们多多尊敬，在我们向老师们提出学习中的问题时，老师们都是竭尽所能地为我们解答，对我们的生活也很关心，这也是我在北建大学习生活中的美好记忆。

采访者： 北建大城乡规划专业的学习经历给您的深刻影响在哪里？收获有哪些？

受访者： 我认为北建大规划专业给我带来的影响与收获是巨大的，首先具体的专业知识方面的收获我就不进行一一列举了，令我印象更深刻的是每一位老师对我的言传身教。比如，在大二的时候范霄鹏老师就鼓励我勇敢大胆地去尝试一些新的事物；荣玥芳老师在总体规划的课程中对我们的工作态度和工作方法进行严格要求；刘剑锋老师会用理性的思路帮我们分析问题；王晶老师、苏毅老师也都很和蔼，非常乐于助人，把他们的知识毫不吝啬地传授给我们。因此，老师们的帮助可以说是我在这里学习、生活中的最大收获。

采访者：北建大规划专业的学生应该如何更好地利用和发挥学校的地缘优势？

受访者： 作为学生一定要把握好我们学校的地缘优势，首先北建大的一大优势就是距离设计院比较近，好处是非常多的，包括去设计院实习以及设计院与导师间会进行项目上的合作。但同时我认为除了与设计院之间的联系，在校期间，尤其是研究生同学应当尝试更多类型的项目与研究，提升自己在设计与科研上的能力。我相信学校也会依托这样一个良好的地缘优势来不断提高学校的学术水平与竞争力，更好服务首都，助力北京乃至全国规划建设。

采访者：您对规划行业或者规划专业的未来发展如何看待？

受访者： 我觉得规划学科是一个实践性和研究性相辅相承的学科和专业，城乡规划需要帮助国家完成其发展目标，是具有一定政治性、具有一定技术门槛的，是不能被随便替代或者取消的学科。即便当前，在这样一个大数据信息化的时代，出现了一些其他领域在规划学科中的介入，比如华为进军国土空间规划，但这也只是对城乡规划专业的辅助，城乡发展的核心问题还是需要专业的规划人员来进行谋划，也就是说我们所具备的核心知识和技能是无可替代的，未来将有更多领域的人员加入到城乡规划建设当中来，更好地建设城市和乡村。

采访者：设计院或者社会对于规划专业人才的需求，以及对毕业研究生有哪些要求？

受访者： 设计院或者社会中其他工作单位对于规划专业人才的需求必定

是有一个标准的，我认为对于刚毕业的研究生来说，除了我们所掌握的规划专业知识和技能以外，首先我们需要抱有长期学习的态度，不断更新自己在本专业所学的知识和技能；其次，我所在工作单位的领导也常跟我们说"要有情商，要有智商，还要有逆商，也要有定力"，我觉得这些也是作为一个学生或刚参加工作的人必须具备的重要能力。

采访者：您对学弟学妹还有什么其他的建议和提示？

受访者：我想说的是，要有健康积极的心态去面对日后的生活，在人生的每个阶段都给自己定一个小小的目标，算是给每一个成长阶段一个小小的交代。并且，工作不是生活的全部，但如果能把工作变成自己所热爱的生活的一部分，这是十分幸运的事。

李易珏

采访日期：2021 年 11 月 29 日
受 访 者：李易珏（以下称受访者）
采 访 者：吕虎臣（以下称采访者）

个人简介：李易珏，本科毕业于北京建筑大学。现任职于中国建筑设计研究院有限公司国家住宅与居住环境工程技术研究中心主要从事人居环境建设、可持续发展领域科学研究和咨询工作，辅助科研人员开展项目和课题研究，负责部门公众号运营和维护。

采访者： 请您谈谈您工作以来的工作心得、主要研究类型与方向、工作主要成绩以及主要作品。

受访者： 我本科毕业后工作两年多了，从事城乡可持续发展方面的研究。工作内容主要包括：辅助科研项目（课题）开展、总结城市发展模式和案例、编写研究报告以及运营部门的公众号平台等。

采访者： 您印象中的北建大是什么样子？

受访者： 西城校区校园面积比较小但是地理位置很好，调研很方便。印象深刻的还有常年深夜亮灯的专教。

采访者： 在您看来北建大规划专业相对于其他院校的特色和优势有哪些？

受访者： 教师资历和履历水平普遍较高。培养出的学生基本功底和制图能力普遍比较好。

采访者： 您当时选择到北建大城乡规划专业学习深造，是出于什么样的考虑？

受访者： 从高考分数可选院校中来看，最首要的原因还是因为学校在北京，能在大城市接触到相对较多的资源。选择城乡规划专业是出于偶然，我父亲从事建筑、土木相关专业，就鼓励我报考城乡规划专业，但报考之前并没有太深入的了解。

采访者： 您在学习期间对于对自己未来的发展规划与工作现实之间的关联度如何？其中有什么经验和教训与我们分享吗？

受访者： 现在从事的科研方面的工作和我毕业前喜欢也擅长的设计类工作差别很大，学校里学到的内容在工作中是远远不够的，因为没有经历过写论文的系统训练，也不擅长文字表达，所以工作起来还是有点力不从心，不过随着工作积累也在渐渐好转。想要分享的经验是：完全和专业对口的工作机会并不是普遍情况，所以得接受改变，保持学习。

采访者： 在您的专业学习过程中，您是否有过迷茫、困惑或者开心与乐趣？迷茫和困惑时解决方案是什么？

受访者： 上学期间还是挺充实和开心的，只要好好花时间做老师留的作业就都能完成得很好。最高兴和怀念的事是在合作作业上遇到了特别合拍的搭档，取长补短、相互进步。比较遗憾的是在校期间对自己的职业规划一直很迷茫，思考得比较少，也没有提前做准备，导致择业时选择比较局促。

采访者：北建大规划专业的学生应如何更好地利用和发挥学校的地缘优势？

受访者：在北京市内找实习会很方便，周边就有很多设计院，而且北建大学生在北京市内比较受认可。在校期间可以试试不同的方向，多参与社会实践和实习。

采访者：您对城乡规划专业的新生以及在校学生有什么建议？对即将毕业的学生就业有何建议？

受访者：对在校生：不必过于纠结课程的成绩（想要保研的除外），提前想一想自己的学业和职业规划，尽早做准备。对毕业生：出了校门又是新的开始，拥抱改变，认清差距。工作不像学校里做的假题和作业，没有办法"糊弄"和找借口，做好准备努力解决面临的实际问题。

采访者：您对学弟学妹还有什么寄语？

受访者：祝愿大家无论在工作还是学习、生活中都能找到乐趣。

吴 琪

采访日期: 2021 年 11 月 28 日
受 访 者: 吴琪（以下称受访者）
采 访 者: 吕虎臣、周原、王鹭、康北（以下称采访者）

个人简介: 吴琪，女，本科就读于北京建筑大学城乡规划专业（2014 ~ 2019 年），目前就读
于同济大学城乡规划专业区域发展与城市空间战略方向。

采访者：请学姐谈谈您目前主要的研究方向与参加的项目？

受访者：我目前就读于同济大学城乡规划专业，研究生二年级，我主要的研究方向为区域发展与城市空间战略，偏向于宏观规划方面。最近一年参与了市县级的国土空间规划项目以及人口与城镇化方面的研究。目前正在参与新城低效用地提升的项目。

采访者：请学姐谈谈在北建大学习期间对学校的印象。

受访者：首先是北建大的环境，真的非常好。一年四季分明，尤其是秋天的银杏树给我留下了很深的印象，很美很漂亮。其次，是培养我们的老师非常优秀，对学生尽职尽责。从大一到大五，学校老师一直为我们"保驾护航"，传授我们知识，提供各种便利的学习条件。在就业、升学方面都做了非常大的指导以及努力。特别是在考研方面，老师给了我非常多的建议和指导，对我的帮助很大。最后，是在北建大有一群特别可爱的同学们，我非常想念他们。

采访者：学姐认为北建大的优势在何处呢？

受访者：相较于其他院校，北京建筑大学的地理位置优越，地处北京，还位于二环边上。独特的地理位置，周边有很多规划院和事务所，为学生提供了很多实习的便利。老师也非常乐意为大家引荐实习机会，让大家在实习中得到锻炼。北京作为古都，值得我们专业的学生参观游历，提升见识，对认识城市有很大的帮助。在专业上面，学校也为学生提供了比较完善的教学体系与教学环境。

采访者：请学姐介绍一下自己的学习经验。

受访者：从接触这个专业开始，我比较善于寻求如何缩短与其他优秀的同学之间的差距，我认为需要在学习方法、学习习惯上进行改进。在专业课上，要多学习一些关于规划前沿方面的专业知识。在学习的过程中要不断的积累，形成一套适合自己的学习方法或是学习体系。学习体系可以分为两个方面：一方面是宽度，另一方面是深度。宽度指要尽可能接触不同领域的知识，我们首先要做的是把知识框架打开。深度，举个例子来说，比如目前我正在做的低效用地的研究，需要了解这个背景框架下的发展历程以及相关理论、在理论指导下的实践工作以及国家政策在地方实践的成果，在这个过程中，需要不断补充各方面的知识，提升自己学习的深度。还有一些学习技能，比如英语，也是非常关键的技能。还有就是各种软件的学习，软件不断更迭，要多注意规划前端的软件的使用，在日常生活中多多积累。

采访者：请学姐谈谈在北建大学习的收获和体会。

受访者： 在学习的过程中，令我印象深刻的是我们学校的专教设置真是非常好，24 小时开放，在专教中的学习、工作氛围也非常好。在考研的过程中，希望同学们要不断尝试，本科期间的时间是充足的，允许同学们进行各种尝试，老师们会在各方面尽全力帮助同学们，不过最后还是需要同学们依靠自己的努力来不断提升自己。

采访者：请学姐谈谈对学弟学妹的寄语。

受访者： 在研究生学习期间，需要从自己的不足开始提升，比如软件的应用能力，现在城乡规划专业所需的软件层出不穷，在学习的过程中，需要抽出一些时间自学软件知识，为日后的研究提供便捷。

对于本科同学，首先要尽快明确自己的未来方向，无论是选择设计院、政府部门还是出国升学，尽早规划自己的路线，早早为自己的选择做铺垫。可以多做一些尝试，找到到底哪条路是最适合自己的道路。

胡冰轩

采访日期：2021 年 12 月 5 日
受 访 者：胡冰轩（以下称受访者）
采 访 者：李佳萱（以下称采访者）

个人简介：胡冰轩，女，2014 年入学，2019 年本科毕业于北京建筑大学，现于中国城市规划
设计研究院攻读学术性硕士学位。

采访者： 您对学校的印象是什么？或者说您对北建大规划专业的画像是什么？

受访者： 师生融洽，重视团队协作，跟规划专业的工作性质比较类似。

采访者： 在您看来北建大规划专业相对于其他院校的特色和优势有哪些？

受访者： 北建大在京津冀地区的专业认可度还是比较高的，特别是离各大设计院比较近，本校也有设计院，实习环境比较好。特色方面，如果以后准备在北京发展，我校对外地同学来说是个不错的选择。

采访者： 您当时选择到北建大城乡规划专业学习深造，是出于什么样的考虑？

受访者： 当初受杂志上让·努维尔作品的影响，本来是想学建筑学的，当年各专业在外省各收一个同学，我和建筑学那位同省的老乡高考同分，但是他数学高一点，我是调剂过来的，但是所幸我最后发现我对设计并没有太大天分，做规划可能更适合我的性格，我也喜欢跟团队小伙伴一起做事，后来就直接读研了，专业也是城乡规划与设计。

采访者： 北建大学习经历带给您比较大的影响是什么？

受访者： 一是待人接物处事方式的变化，会更成熟一些，但还是保留了少年意气，很幸运从很多老师身上也看到了这种蓬勃的朝气，受老师们的影响吧，希望自己工作以后也能一直保持；二是爱好的开发，我发现很多厉害的师长们和有魅力的同学们，都会有自己很执着的热爱的事物，并且对世界永远保持好奇心，这是我有所欠缺的，受大家影响，也开发了爱好并且长期热爱。当然最重要的是结识了很多小伙伴。

采访者： 您在学习期间对于对自己未来的发展规划与工作现实之间的关联度如何？其中有什么经验和教训与我们分享吗？

受访者： 职业规划方面其实大学期间并没有想得太清楚，不太可取。我大四暑假去中规院村镇所实习，很喜欢当时的氛围，所以后面理所当然想要去中规院工作。他们校园招聘是研究生起招，我就干脆考了中规院的研究生。但是我建议学弟学妹可以去至少两个地方实习一下，感受不同单位的工作环境和节奏，触摸一下真实的规划师工作，再考虑要不要在这个行业做下去，从学习节奏也能看出来，我们行业着实比较累（当然各行有各行的苦，关键是要喜欢、要有内驱力，才能干得长久）。

　　简单总结一下就是，实习很重要，可以窥见行业真实的基层工作状态，在读书期间就可以试着为自己做一个简单的职业规划，包括读研学校的选择（地域、学校水平、导师等各方面），在这期间可以和学校老师或者带自己实习的前辈们多交流。

　　采访者：在专业学习过程中，师生的关系如何？

　　受访者：非常融洽，我是班长，和老师们交流也比较多，我也比较喜欢跟老师聊天，我觉得大学老师的"权威性"更多在知识传授上，在其他方面也是可以相互帮助、相互启发的朋友。

　　采访者：北建大城乡规划专业的学习经历给您的深刻影响在哪里？收获有哪些？

　　受访者：随着时间的流逝其实会遗忘很多知识，但是学习能力和分析能力的增长是最宝贵的财富。

　　采访者：在您的专业学习过程中，您是否有过迷茫、困惑或者开心与乐趣？迷茫和困惑的解决办法是什么？

　　受访者：每次熬夜画图都会迷茫啊，我是谁？我在哪？我为什么要熬夜画图？但是出完图还是很有成就感的，心态需要调节。我个人倾向于早睡早起，有时候晚上十一点多睡觉，凌晨两点半或者三点起来工作或者学习。

　　采访者：您在专业学习期间，自己日常会面临的问题主要有哪些？其中最具有挑战性的部分是什么？

　　受访者：面临的主要问题还是理论课的学习吧，学习的时效性没有很好地体现，直到考研复习时才捡起来，但我发现不止是本科这样，研究生阶段在学习中也有这个问题，所以重点还是理论联系实际，这个很大程度依赖于实习经验（工作经验）或者生活阅历，有机会还是要多走走看看，但不止是看热闹，要认真体悟事情背后的原因，这个我做得不够好，还在继续努力。

　　采访者：北建大规划专业的学生应如何更好地利用和发挥学校的地缘优势？

　　受访者：就近实习、多参加大院的论坛讲座、多去清华蹭课或者讲座，开拓思路，多去逛逛展览提升审美，多关注时事热点。

采访者： 您对城乡规划专业的新生以及在校学生有什么建议？

受访者： 永远保持开放的心态和对世界的热爱，多去探索职业道路的各种可能性。

采访者： 您对规划行业或者规划专业的未来发展如何看待？

受访者： 不成熟的小想法，毕竟还没正式入行，只是根据我个人的实习情况和参加的一些学术交流活动来看，感觉还在变化之中，特别是部委之间以及部门与学科教育之间。总体来说，规划无疑是重要的，只不过地位和视角可能会有一些改变，学弟学妹可以多多了解做好权衡。

采访者： 设计院或者社会对于规划专业人才的需求，以及对毕业研究生有哪些要求？

受访者： 基本的软件技能不必多说，我认为沟通能力和对环境及工作的快速适应能力是非常重要的，最重要的是自己平衡工作和生活的能力，要热爱生活。

采访者： 您对学弟学妹还有什么其他的建议和提示？

受访者： 身体健康永远是第一位的，不要为了学业熬夜把身体搞坏，更不要为了减肥或者感情这种事情伤害自己，保持奋发向上，爱自己，爱这个世界，至于专业，如果喜欢，就请满怀憧憬，然后为之奋斗。

王昭辉

采访日期：2021 年 11 月 27 日
受 访 者：王昭辉（以下称受访者）
采 访 者：吴泽宏（以下称采访者）

个人简介：王昭辉，男，北京建筑大学 2019 届本科毕业生，创建建筑学院羽毛球社团，曾任本科生第二党支部组织委员。2019 年以排名第一的成绩进入天津大学攻读硕士学位。

采访者：您对学校的印象是什么？或者说您对北建大规划专业的画像是什么？

受访者：校徽上的科研楼是永恒的回忆，坐落于西城区展览馆路 1 号的北建大，是我职业生涯的缘起之地，也是无数次梦回的归处。怀念拥挤食堂里的什锦馄饨和肉末米线，更怀念大爷大妈亲切的面庞。

采访者：在您看来北建大规划专业相对于其他院校的特色和优势有哪些？

受访者：首先，紧邻住房和城乡建设部、中国城市规划设计研究院、中国建筑设计研究院等部委和业内顶尖院所，无论是学术交流还是项目实习，都给了北建大得天独厚的优势；其次，年轻化、高水平、负责任的教学团队和先进的专业教室、实验室也让北建大学子拥有最好的教学资源；此外，从九宫格、卡纸板到广场设计、住宅设计……一系列的物质环境相关课程，让学生循序渐进，逐渐感知城市的尺度、界面和空间。

采访者：您当时选择到北建大城乡规划专业学习深造，是出于什么样的考虑？

受访者：北建大位于首都，有得天独厚的地理优势、悠久的办学历史、业界的口碑以及居于前列的专业排名。

采访者：您在学习期间对于对自己未来的发展规划与工作现实之间的关联度如何？其中有什么经验和教训与我们分享吗？

受访者：首先是建议学弟学妹在低年级阶段，不要拘泥于学长学姐的图纸，要有更高的追求，从行业工程实践图纸，到国内外竞赛图纸，都是很好的参考案例，不要闭门造车，要及早接触规划行业的成果内容和发展趋势；其次，是早做打算，早做准备，不管是就业、出国还是读研，都要在大一、大二便着手准备，临渊羡鱼不如退而结网。

采访者：北建大城乡规划专业的学习经历给您的深刻影响在哪里？收获有哪些？

受访者：我当时局限于老师给的上一届的优秀图纸，陷入自己闭门造车的恶性循环，没有专业素养和知识储备便开始拍脑袋硬画，最后导致成绩很一般。接触总体规划后，在刘剑锋老师的影响下，逐渐开始接触《城市规划原理》等理论知识，开始尝试用专业教材、专业书籍或专业纪录片来丰富自己的知识储备，从而建立一定的规划价值观和规划素养，希望大家尽早开始主动学习，把设计课当成是专业课而不是被动去完成作业。

采访者：您在专业学习期间，自己日常会面临的主要问题有哪些？其中最具有挑战性的部分是什么？

受访者：琳琅满目的书籍、杂志、论文集等让人应接不暇，但是自己却往往不知道该学习什么，该把时间花在哪里，这些资料处于领先地位，但与平时的设计课却联系甚微，因此需要自己从宏观尺度进行把控，但也要脚踏实地，认真地去参观、了解、绘制建筑、组团乃至街区的实际样貌。

采访者：您对规划行业或者规划专业的未来发展如何看待？

受访者：人与城市息息相关，而规划也与城市息息相关，城市规划是最接近能够调节人民生活的专业，城市不断发展，社会不断进步，就需要城市规划师来适当介入，对城市这个复杂巨系统进行优化，因此，我认为城市规划行业是一个具有长期性、动态性、复杂性的前沿领域。

采访者：设计院或者社会对于规划专业人才的需求，以及对毕业研究生有哪些要求？

受访者：个人最近的求职体会，是需要大家在了解熟悉传统建筑设计、城市设计、规划编制的基础上，对于大数据、智慧城市、云技术等前沿科技有一定的涉猎和了解，争取在课程和项目中有更多的实践。

采访者：您对城乡规划专业的学弟学妹还有什么其他的建议？

受访者：GIS 软件对于国土空间规划和论文撰写是一项常用的工具，希望大家一定在本科阶段熟练掌握，花时间去研究，这样就能更早地接触科研，也能更早确定自己对于项目和科研的偏好，这对于未来的职业规划有很重要的意义。

张 迪

采访日期：2021 年 11 月 28 日
受 访 者：张迪（以下称受访者）
采 访 者：吴泽宏（以下称采访者）

个人简介：张迪，男，北京，中共党员，北京建筑大学规划 14 级本科生，19 级硕士研究生，
考研状元、国家奖学金获得者、北京市优秀运动员。

采访者：您对学校的印象是什么？或者说您对北建大规划专业的画像是什么？

受访者：北建大规划专业有一群理论和实践丰富、和蔼可亲的老师们；有一套完整的知识培养体系，所涉及的尺度小到建筑单体设计甚至是建筑小品设计、大到一个城市的总体规划，所学的知识广度除了规划原理，还有社会学、经济学、生态学等知识。

采访者：在您看来北建大规划专业相对于其他院校的特色和优势有哪些？

受访者：北建大城乡规划专业位于西城校区，临近动物园和车公庄西两个地铁站，独特且便捷的交通优势，使得同学们可以尽情参观各大院校、各个博物馆的展览，开阔视野；紧邻中国城市规划设计研究院、中国建筑设计研究院等设计院，便于同学们通过实习将理论知识运用于实践工作；是北京唯一一所建筑类高校，校友众多，进入社会优势也比较明显。

采访者：您当时选择到北建大城乡规划专业学习深造，是出于什么样的考虑？

受访者：高考是对城乡规划专业比较感兴趣，北建大的规划专业在北京仅次于清华，考研也是为了继续在母校提升自己。

采访者：您在学习期间对于对自己未来的发展规划与工作现实之间的关联度如何？其中有什么经验和教训与我们分享吗？

受访者：设计院的实习是有必要的，一方面将所学的理论知识用实践去检验，另一方面可以去提前了解该行业就业后的生活状态和所需要的技能，也便于有针对性地提升自己。

采访者：北京建筑大学城乡规划专业的学习经历给您的深刻影响在哪里？收获有哪些？

受访者：老师们一次次耐心的指导使得我专业基础扎实、软件应用得心应手、交流能力增强、专业兴趣浓厚。

采访者：您在专业学习期间，自己日常会面临的主要问题有哪些？其中最具有挑战性的部分是什么？

受访者：读研期间，接触到一些自己没接触过的项目类型，通过导师的悉心指导和自己的课下学习拓展了自己的知识广度和深度。

采访者：您对规划行业或者规划专业的未来发展如何看待？

受访者： 虽然建筑类行业整体不景气，但是规划项目都是有周期的，同时我国城市也处于高质量发展阶段，规划类型很多样，因此，打好专业基础、应对专业挑战是我们现在最有必要的准备。

采访者：设计院或者社会对于规划专业人才的需求，以及对毕业研究生有哪些要求？

受访者： 就面试经验而谈，沟通能力和语言表达能力很重要，专业基础能力也很重要，整体来说还是看综合能力。

采访者：您对城乡规划专业的学弟学妹还有什么其他的建议？

受访者： 高年级的同学可以早点儿去设计院实习，便于了解行业和更好地提升自身。除了专业基础知识外，还要注重综合能力的提升。

郑彤、赵安晨

采访日期：2021 年 12 月 2 日

受 访 者：郑彤、赵安晨

采 访 者：张彩阳、刘思宇（以下称采访者）

个人简介：郑彤，女，北京建筑大学城乡规划专业 2015 级本科生，现就职于清华同衡规划设
计研究院。

赵安晨，男，北京建筑大学城乡规划专业 2015 级本科生，山东建筑大学城市规划专业硕士研
究生在读。

采访者：您对学校的印象是什么？或者说您对北建大规划专业的画像是什么？

郑彤：六年前的第一次班会我被问到同样的问题，答了一句"很小，五分钟就能逛完"。还记得班主任吕老师眉头紧蹙，现在想来确实回答得又好气又好笑。六年后的今天再想到西城校区和城乡规划专业，只觉得温暖亲切，空间上的紧凑和功能上的重合让大家在情感和学业上的交流都更紧密。

采访者：北建大学习经历带给您比较大的影响是什么？

赵安晨：在北建大学习的五年中，除了使我掌握了城乡规划的相关知识和专业技能外，最大的影响在于专业课程中，北建大营造了以班级为单位的专教学习氛围和师生间"师傅带徒弟"的学习方式，提升了同学间日常交流的频次和师生间学习交流的深度。对于我日后学习和工作中交流、汇报的方式和技巧均有极大的提升作用。

采访者：您对城乡规划专业的新生以及在校学生有什么建议？对即将毕业的学生就业有何建议？

郑彤：我认为应该广泛地阅读和体验；保持热爱与创造力；最重要的一点是保持身心健康，这不论是对于刚刚接触城乡规划的学弟学妹还是对于初入职场的规划新人同样适用。首先 "学习"的能力很重要。从大数据时代对规划的技术手段提供的新思路，到规划体系变革时代下的新实践与探索，都离不开每一位规划从业者持续不断地获取知识的能力。其次，要用开放的态度去探索自身的兴趣点和发展方向。规划是一门交叉学科，要利用在校期间的试验与试错机会，逐渐明晰自身未来的发展方向。如果即将毕业并处于求职阶段，应该在此基础上，明确自己的核心竞争力并且选择与之相匹配的职位。

采访者：目前国土空间规划改革如火如荼，您认为国土空间规划与城乡规划学科专业人才培养的关系如何协调？

赵安晨：自2018年3月自然资源部组建以来，党中央、国务院提出"建立国土空间规划体系并监督实施，将主体功能区规划、土地利用规划、城乡规划等空间规划融合为统一的国土空间规划，实现'多规合一'，强化国土空间规划对各专项规划的指导约束作用。"顶层设计的变化对城乡规划学科建设和行业发展均产生了深刻的影响。在上述背景下，城乡规划作为一级学科，需妥善处理新时代要求和原有学科建设与人才培养体系间的关系。城乡规划学科专业人才培养应在坚持自身优势和特色的基础上，积极应对新的时代发展需求，落实新的发展理念，促进学科建设的与时俱进。对于学科专业人才培养的建议如下：首先，应明确国土空间规划是多学科的协调，不是单一学科的包打天下，应坚守城乡规划学科面向未来以物质空间形态为抓手的学科特色，避免失去立足之本。其次，应调整课程设置理念，作为一门应用型学科，行业传统 "重城轻乡" "就城市论城市" 的理念对课程体系的影响亟需转变，应增加乡村规划和区域规划等课程，促进学科自身课程体系的完善。再次，应丰富对于外延知识的引入，与时俱进，更新人才培养课程体系，增加学生对于自然生态环境、土地利用管理等相关知识储备并传授地理信息系统等专业技能。最后，应加强专业实践能力，在人才培养过程中增加实践环节，使学生能够提前掌握行业变革下的人才需求，进一步加强学科建设和行业发展的联系。

姜淼

采访日期：2021 年 11 月 16 日

受 访 者：姜淼（以下称受访者）

采 访 者：姚艺茜（以下称采访者）

个人简介：姜淼，男，入学时间 2016 年，2019 年毕业于北京建筑大学城市规划专业，现就职于中国城市规划设计研究院（北京）规划设计有限公司，助理城市规划师。

采访者：请您谈谈您工作以来的工作心得、主要研究类型与方向、工作主要成绩以及主要作品。

受访者：目前我主要的工作方向为国土空间规划、概念规划、控制性详细规划和城市设计。首先工作实践的内容相较学校的课程差别还是比较大的，因为规划体系的改革，工作内容较传统规划内容有很大的差别，相关专题工作、项目分析内容都需要边工作、边学习。国土空间规划体系涉及的内容庞杂，驾驭难度越来越大，我们需要不断学习和更新观念，同时相关的工作方法、政策要求也在不断更新，相关的工作也需要有所体现；工作中涉及生态、农业、土地等相关知识领域，都需要补充、完善。此外，目前的规划工作更多的是"三线"的统筹划定等，但规划行业的优势——前瞻性、战略思维更应突出，城市发展仍需传统规划工作内容作为支撑，一方面我们要熟悉国家政策、战略，另一方面需要扎实的专业基本功。

其次，工作方式方法也有了很大的转变。一方面工作中需要更深入地了解交通、市政等相关规划体系的内容，更好地与合作单位对接，支撑规划工作；另一方面，在工作中需要频繁诸如大数据等新技术手段，因此也面临了很多困难与挑战。总的来说，目前的工作需要大家有更强的学习能力来适应行业的变化与改革。

采访者：您对学校的印象是什么？或者说您对北建大规划专业的画像是什么？

受访者：对学校的印象是一直寻求改变吧，因为从本科到硕士研究生毕业，经历了学校的更名、规划专业评估，同时也看到了学校校舍、设施不断完善，师资力量逐步完善，课程体系有所更新，也给了同学们更多的机会。北建大规划专业实践丰富、体系完善。实践丰富主要是一方面学校地理位置方便，能够近距离接触设计院；另一方面学校扎根北京，如服务北京城市副中心建设等规划工作，为学生提供了更多的实践机会，此外，校内相关的讲座比较多，拓展了规划视野。体系完善主要是北建大规划专业教学体系相对完善，从基础的建筑学相关知识到修建性详细规划、控制性详细规划、城市总体规划等规划类型均有涉及。

采访者： 您当时选择到北建大城乡规划专业学习深造，是出于什么样的考虑？

受访者： 选择到北建大城乡规划专业学习，一方面是学校的环境、老师比较熟悉，另一方面学校的规划专业在北京比较有竞争力，相关的实践机会比较多。

采访者： 您在学习期间对于对自己未来的发展规划与工作现实之间的关联度如何？其中有什么经验和教训与我们分享吗？

受访者： 经验的话可能就是要想清楚自己未来要做哪方面的工作，因为想清楚可能会让自己更好地提前做好准备。北建大可能开展相关高级别的课题的机会与老八校等学校相比要少，因此如何提高科研能力是自己要面临的，要把握住锻炼自己的机会，这样无论是否从事规划工作，提升自己发现问题、分析问题、解决问题的能力对今后工作都会有很大帮助。

采访者： 北建大城乡规划专业的学习经历给您的深刻影响在哪里？收获有哪些？

受访者： 实践较多，无论是课程作业还是相关的课题，对规划工作的流程以及工作重点有较为深刻的认识，在如今工作中还是有一定的支撑。其次，能分析问题、制作 PPT、画图，是设计院日常工作的需求，而学校的学习经历恰好为我们提供实践机会，积累到了相关经验，在工作中也就能够比较适应。

采访者： 您在专业学习期间，自己日常会面临的主要问题有哪些？其中最具有挑战性的部分是什么？

受访者： 第一，是独自解决复杂的问题。实践过程中，往往会提出一些需要完成的目标，无论是工作方法还是分析工具上，都可能遇到我不太熟悉的，需要自己查找相关资料、教程完成相应的工作。第二，是工作组织协调的问题。如带着学弟学妹去完成相应的调研工作，需要制定计划，安排相关工作，最后汇总统筹相应的工作成果等，在工作中这些都是要面临的具体问题，在校期间早接触可能工作中会少走一些弯路。第三，是应对突发情况的能力。工作中可能在面对甲方、合作单位时会出现一些突发情况，需要提高随机应变的能力。

采访者： 在您看来，北建大规划专业的学生如何更好地利用和发挥学校的地缘优势？

受访者： 首先北建大在北京的规划建设中作了很多贡献，积累了丰富的经验，如历史文化街区保护、城市副中心建设等项目参与度很高，因此学生可结合学校的工作参与进去。另一方面，学校和各大设计院都有合作机会，这也为学生提供了更多的实习机会。此外，学校的课程、相关实践在文化遗产保护等领域有一定的底蕴，学生可积累相关的经验，作为未来发展的研究领域。

采访者： 您对城乡规划专业的新生以及在校学生有什么建议？对即将毕业的学生就业有何建议？

受访者： 在校期间尽可能完善自己的知识体系，可能深度不用到相关专业的学生一样，但是基本的原理、要点要清楚，因为工作过程中可能会安排相关的工作内容，提前为工作积累经验。另一方面规划专业的理论知识要扎实，在本领域的工作中能够较快入手，比如工作中可能会接触一些专项规划，需要了解相关的规划内容与工作重点，提高自身科研能力。还有就是多涉猎一些知识，不仅仅是专业知识，比如还有政策相关、文化相关等内容。最后，实践固然重要，但是不要一味追求多实习，可能和导师工作的过程中，对自己的帮助和提升更多。除了专业以外，还要有些生活，如培养一些兴趣爱好，在忙碌的工作中给自己一些释放压力的空间，目前规划工作的节奏还是比较快，要提高抗压能力。

采访者： 您对规划行业或者规划专业的未来发展如何看待？

受访者： 我认为规划行业未来可能会变得内容更加复杂多元，因为城市的发展面临新的问题，包括规划体系改革以及最近城市更新等相关的政策文件，无论内容还是规划方式都需要转变，而且需要去探索。也正因为变得复杂，所以更需要规划或相关工作去解决相应的问题，只不过可能工作的层次、方式方法有所转变，但机会可能会很多，规划参与者可能也会变多。

采访者： 在您看来，设计院或者社会对于规划专业人才的需求，以及对毕业研究生有哪些要求？

受访者： 对人才的需求更侧重有较强的逻辑思维、执行能力、工作协调能力以及扎实的基本功，设计院的工作节奏比较快，一方面可能需要配合完成项目负责人安排的任务，需要能够短时间内完成相应的工作；另一方面在独立研究相关问题时基本功要扎实，能够直接准确把握相关问题，并将研究的内容有效地展示出来。目前的工作有很多涉及与多家单位对接，在与人合作、对接过程中还要讲究方式方法，才能协调好工作进度。

采访者：您对学弟学妹还有什么其他的建议和提示？

受访者：整体的感觉，我们的科研能力与老八校的学生比较可能会弱一些，希望能够培养学生的科研能力，不单单是论文写作能力，更多的是培养学生主动思考以及逻辑思维能力，要能够在分析问题的过程中准确地找到关键点，提出解决方案。此外要调动自身积极性，可能工作中除了时间节点，很少有人会像导师那样督促自己，更多的是自己合理安排工作进度。

张晓意

采访日期：2021 年 11 月 17 日
受 访 者：张晓意（以下称受访者）
采 访 者：邱怡凯（以下称采访者）

个人简介：张晓意，女，北京建筑大学城乡规划专业 2020 届本科毕业生，UCL 巴特莱特建筑
学院城市发展规划硕士。

采访者：请您谈谈您在国外读研期间主要研究类型与方向、主要成绩以及主要作品。

受访者：在国外读研期间，我学习了巴特莱特建筑学院DPU系的城市发展规划课程，该系教学重点是关注全球低收入群体的城市规划问题，以社会正义为核心准则，探索全球城市中的对立：贫民窟的问题。在这个阶段，我参与了伦敦Just Space和Reclaim our Space两个社会公益组织的伦敦五年规划提议和印尼Arkom社会公益组织的梭罗河岸贫民窟回迁安置建设项目等海外实践。

采访者：您对北建大的印象是什么？在您看来北建大规划专业相对于其他院校的特色和优势有哪些？

受访者：北建大建筑与城市规划学院，为京津冀地区输送了很多城市规划设计专业人才。尤其是在规划专业五年制的学习中，课程内容覆盖范围很广，也很注重学生的素质培养，无论是软件还是硬件，配套都是非常完善的。北建大规划专业具有极强的地缘优势，师资力量雄厚，各种不同的教学风格能够满足因材施教的要求，此外良好的区位使得学生能够近距离接触北京规划行业，为日后的就业求职提供了良好的环境。

采访者：您当时选择到北建大城乡规划专业学习，是出于什么样的考虑？在北京建筑大学城乡规划专业的学习经历您有哪些收获？

受访者：当初选择北建大，就是看重专业优势和地缘优势，加上对规划行业的热爱。北建大的学习经历也让我成为一个学会全面发展、努力提高综合能力的人。在校期间丰富的课余生活和充实的学习与学生工作经历，让我学会多线程处理各项任务和目标，这其实和步入社会以后每个人的生活有相近之处。步入社会的就业阶段，年轻的我们要逐渐学会妥善处理和平衡事业、家庭、健康，也要学会控制和接受逆境与不顺。

采访者：您在学习期间对于对自己未来的发展规划与工作现实之间的关联度如何？对即将毕业的学生就业有何建议？

受访者：从我的个人经历来讲，我是从测绘学院测绘工程专业降级转入建筑学院学习的，本科用了六年时间，所以在升学选择时，我选择了学时较短的英国硕士，这个选择喜忧参半，虽然扩展了海外经验、缩短了学时，但受到新冠肺炎疫情的影响，在国外的实习工作机会很少，相比于国内高校三年制研生少了很多导师带领的实践项目，所以在就业方面选择设计院的可能性就少了一些，而地产公司、考公务员、研究员、新媒体内容等其他方向选择就多一些。尤其是目前就业形势不太好，比较"内卷"，导致求职更是难上加难。不同的用人单位有不同的招聘习惯，很多好的国企、央企设计院很看重在校期间学生长时间的实习，如果要进这样的单位就要尽早利用寒暑假实习，获得实习的认可，这样在考试时才能更得心应手；另外，现在很多设计院、研究院都注重自身的科研创新，对学历的要求也是越来越高，有条件提升学历的话还是要尽可能提升学历，尤其是名校学历，这样求职就业时更有底气，拿到设计院、政府机关、高校等 offer 的把握更大；此外，包括设计院、地产公司在内都很注重自身品牌的运营推广，如果不喜欢传统画匠的同学也可以试试杂志编辑、学会或新媒体运营等等，多方向考虑未来发展方向。最后关于应届毕业生，要抓住应届这一年的机会选择自己理想的方向，比如公务员考试应届生可以选择各地的硕博优秀人才引进，想进国企可以积极参与校招或者寻求导师的推荐资源。另外，每年的就业形势不一样，对不同学历的人群需求数量也是不同的，甚至有可能学历越高，竞争压力越大。也许以后会越来越卷，也许就业形势会回暖，所以本科毕业以后升学和就业要同步考虑，我们要尽早准备，保持开放，做好"Plan BCDE"，争取安稳入职，开启自己的规划事业！

采访者：您对北建大规划专业的人才培养未来有什么期待或建议？

受访者： 对北建大规划专业的建议是有关于快题设计这个话题，我认为在我本科的学习过程中快题设计教学是比较缺乏的。我理解目前高校教学没有考虑把快题设计作为重点是因为快题设计本身是应用于设计院应试环节，但我认为快题设计其实也在一定程度上直接反映了设计思维和能力，如果校外盈利的教育培训机构只能教授应试技巧，那么从设计能力和思维方面提升的快题设计技能就只能在高校学习中得到培养。我们专业的老师很多都是快题设计的能手强手，但我们的学生想要在考研中成功上岸更高层次的学校却比较艰难。所以我提议规划课程再补充一些可选的从设计思维和能力方面入手的快题设计培训，使学生在升学和求职方面都有更广的天地。祝北京建筑大学规划专业教师桃李满天下，祝规划专业越办越好，早日成为国内顶尖的双一流专业，甚至位于国际前列！

李翼飞

采访日期：2021 年 11 月 13 日
受 访 者：李翼飞（以下称受访者）
采 访 者：王祎（以下称采访者）

个人简介：李翼飞，女，1997 年出生，北京建筑大学 2015 级城乡规划本科生，北京建筑大学
2020 级城乡规划学硕士研究生。

采访者：您对学校的印象是什么？或者说您对北建大规划专业的画像是什么？

受访者：最深刻印象是课程布置紧凑，例如设计课，基本上每个学期都要出两个课程设计，一大一小，感觉一直处在中期、终期、交图的紧凑的学习状态中，很少有闲着的时候，很充实、很有意义。

采访者：在您看来北建大规划专业相对于其他院校的特色和优势有哪些？

受访者：感觉北建大的专业素养很高，老师们水平也很高，学习氛围浓厚，各种讲座学习很多。而且北建大非常注重建筑学院的专业提升，有很多的政策倾斜，建筑学院学生受惠很多。

采访者：您当时选择到北建大城乡规划专业学习深造，是出于什么样的考虑？

受访者：一方面是因为北建大的专业口碑很好，十分受行业认可；另一方面，北建大具有地缘优势和平台优势，距离各大设计院很近，未来实习就业都能有更多更好的选择。

采访者：北建大城乡规划专业的学习经历给您的深刻影响在哪里？收获有哪些？

受访者：当时为了设计课没少刷夜，也没少挨批评，后来慢慢发现这也是能力提升的一环，毕业之后我才发现我们确实比同龄人抗压能力更强、工作能力更强，更能吃苦，可以出色地完成自己的工作。

采访者：您在专业学习期间，日常面临的主要问题有哪些？其中最具有挑战性的部分是什么？

受访者：主要面临的是同龄人比你更加优秀，设计能力更强，图纸更好看，但是我觉得这也是很好的，因为没有这种压力我很难主动学习、提升。最具挑战性的是，自我学习、提升节奏比较快，一个接一个不同的课程设计，强度很大。

采访者：北建大规划专业的学生如何更好地利用和发挥学校的地缘优势？

受访者：寒暑假期间最好还是不要浪费，要多去实习，能尽快将专业学习和实际应用接轨，也有利于尽快确定自己的职业方向。

采访者：您对城乡规划专业的新生以及在校学生有什么建议？对即将毕

业的学生有何建议？

受访者：对于新生及在校生主要是跟着学校课程一步一步打扎实自己的理论基础。即将毕业的学生要尽快想清楚自己喜欢的方向，还要多和前辈交流，了解各个设计院的专业特色，选择自己感兴趣的方向。

采访者：您对规划行业或者规划专业的未来发展如何看待？

受访者：感觉未来的新城建设没有以前需求那么多，未来几年更多的应该是城市更新、乡村规划和大尺度规划，当然这只是我的猜测。对于这种变化，我们应该在专业学习时更加侧重，提前应对专业、行业变化。

采访者：您对学弟学妹还有什么其他的建议和提示？

受访者：多和老师还有学长学姐们交流，注重纵向的交流学习，可以获得更多的经验，有助于提高自己的眼界，看得更远。而且还要注重对专业学习的提前规划，包括读研、出国、读博等，都要提前做好准备。

陈学智

采访日期：2021 年 12 月 2 日
受 访 者：陈学智（以下称受访者）
采 访 者：吕虎臣、王鹭、周原、康北（以下称采访者）

个人简介：陈学智，男，北京建筑大学城乡规划专业 2016 级本科生，目前就职于北京清华同衡规划设计研究院风景旅游研究中心。

采访者：请谈谈您目前主要的研究方向与参加的项目？

受访者：我目前就职于清华同衡风景旅游研究中心，主要从业方向为城市及景区的旅游规划。最近一年参与了温州大罗山、泰山度假区等多项旅游规划。目前正在开展河南省隋唐大运河的旅游规划工作。

采访者：请谈谈在北建大学习期间对学校的印象。

受访者：谈到对于北建大的印象，首先是北建大的位置，在北京二环边，交通条件十分方便，良好的区位为我们观察城市和建筑提供了的条件。其次是北建大的老师，在我们的课业学习内外都尽职尽责地为我们解答疑惑，培养出的学生能力很强。辅导员在就业和考研期间对我们的选择提供了很多帮助。

采访者：您认为北建大的优势所在何处呢？

受访者：北建大临近众多国内大型的设计院，例如中国城市规划设计研究院、中国建筑设计研究院等等，为同学们的实习提供了便利的条件；教师的师资水平很高；北建大是一所包容性很高的大学，不论是北京本地的同学还是外地的同学都能很好地相处。

采访者：在您的专业学习过程中，您是否有过迷茫、困惑或者开心与乐趣？迷茫和困惑的解决方案是什么？

受访者：接触这个专业后还是有过迷茫的时期，后来通过学习深度的逐渐加深，从建筑课程逐渐转型到规划课程后，激发了我的兴趣。

采访者：北建大规划专业的学生如何更好地利用和发挥学校的地缘优势？

受访者：利用好周边众多大型设计院的便利条件，在学习期间多实习，能够体验到工作中和学习中的不同之处。

采访者：请谈谈为学弟学妹的寄语。

受访者：在上学期间尽早明确自己未来的目标，不论是升学还是工作，确定了目标就向着目标去努力。

高维清

采访日期：2021 年 12 月 14 日
受 访 者：高维清（以下称受访者）
采 访 者：刘思宇（以下称采访者）

个人简介：高维清，女，北京建筑大学城乡规划专业 2016 级本科生，现就职于国核电力规划
设计研究院有限公司。

采访者：请介绍一下您入学的时间、所学专业是什么？

受访者：我是 2016 年 9 月入学，2021 年 7 月毕业的，所学专业是城乡规划。在校学习期间，同学之间、师生之间的关系都不错，尤其是我们那时候上学还有一个很好的优点就是前几届学生可以对下一届学生进行传帮带。

采访者：学校的哪方面给您留下了深刻的印象？

受访者：当时，学校一进门就是教学楼，学生少、校园小，现在想想还是很亲切。记得当时步入校园的时候觉得校园很幽静，地理位置也很好，不用住在郊区，学校的老师、同学们也都很有目标，学习环境是很好的。而且学校建校很多年，有很多大树，整个校园环境不错。入校的时候学生少，同专业上下级的学生基本都认识，关系都不错，大部分我们系的老师也都认识，学习气氛很好，大家都有吃苦精神，让我比较珍惜那段日子。

采访者：在老师引领层面，对你产生重大影响的是什么？

受访者：非常受益，当时的老师教我们设计课，对学生很认真，手把手教学，非常负责任。他们对专业执着、精益求精的认真态度，让我感受到了榜样的力量，使我想努力探索新知识。所以说当时学校里优秀的老师，对我们学生影响特别大。

采访者：刚才您提到咱学校的严谨务实，以及老教授们的敬业精神对您的影响深远，您可以谈谈这对于您在以后的工作道路上起到了什么作用吗？

受访者：上学的时候培养了好的学习习惯，打下了坚实的基础，为我日后的工作都起到了很大作用。我在工作上的吃苦精神和做事严谨认真的态度，都是在校学习时逐渐形成的。

采访者：恰逢北建大城乡规划专业成立 20 周年之际，您想对母校表达什么祝福？

受访者：感恩母校的培养！祝愿母校为祖国培育更多的优秀人才，创造新的辉煌！

和 悦

采访日期：2021 年 12 月 15 日
受 访 者：和悦（以下称受访者）
采 访 者：刘思宇（以下称采访者）

个人简介：和悦，女，北京建筑大学城乡规划 2016 级本科生、团支书；华南理工大学硕士研
究生在读。

采访者： 在您看来北建大规划专业相对于其他院校的特色和优势有哪些？

受访者： 在师资力量上，北建大规划专业的老师们学术背景扎实，且大都曾在设计一线待过，具有卓越的工作能力，在后续教学过程中将其经验用于教学，相得益彰，教学不是仅停留于纸上谈兵，而是真正培养学生成为一个合格规划师的能力；在区位优势上，北建大良好的区位及交通优势，使学生能够便利地了解周边城市，通过学校开展的各类调研和实习活动，也能在实地考察过程中增强学生对于本专业的理解，培养对专业的热爱；在学术氛围上，北京各大高校和大咖云集，有良好的学术交流资源和氛围，学校开展的讲座、论坛等进一步激发学生的学习热情，拓宽学生的眼界和专业知识维度。

采访者： 您当时选择到北建大城乡规划专业学习深造，是出于什么样的考虑？

受访者： 一是专业兴趣，出于对建筑类相关专业的兴趣，进一步了解不同专业的区别后决定将城乡规划学作为第一专业选择；二是地理位置，北京是我国首都，历史文化底蕴深厚，我觉得在这样一个富含人文气息的环境下学习、生活，不仅可以进一步感受中华文化，还能开阔眼界；三是专业排名，北建大城乡规划专业评估排名位列前茅，高中毕业报考时也是参考了相关的信息作为选择的依据；四是学校底蕴，专业的工科院校背景，让我相信学校在教学方面的能力和优势。

采访者： 在您的专业学习过程中，您是否有过迷茫、困惑或者开心与乐趣？解决方案是什么？

受访者： 在刚接触专业学习时，设计课作业时常让我陷入迷茫——怀疑当初的选择正确与否；手绘功力的不足可以通过练习加以提升，但设计能力方面的不足使我不知所措，当时真切明白自己的短板和与其他同学的差距。后来在老师和同学帮助下，渐渐不再追求"一步登天"，而是踏踏实实，先解决最基础的问题，再考虑在其他方面进行润色升华，也让我逐渐明白学习过程中脚踏实地的重要性，不断积累才能通过量变产生质变。

采访者： 您对学弟学妹还有什么寄语？

受访者： 把握机会，珍惜时间，努力学习，不辜负热爱。

孙已可

采访日期：2021 年 12 月 1 日
受 访 者：孙已可（以下称受访者）
采 访 者：王晨、康北（以下称采访者）

个人简介：孙已可，女，本科就读于北京建筑大学。

采访者： 请您谈谈您本科期间的学习履历以及取得的成就。

受访者： 作为北建大 2021 届毕业生，得益于母校的栽培和老师的教导，在得到推免名额后，有幸进入天津大学继续读研。本科期间，得到许多老师的认真教导，在吕小勇老师的指导下获得"全国高等学校城乡规划 2019 年城市交通出行创新实践作业评优一等奖"；在刘玮老师的指导下，完成论文《高新技术产业园区就业人群街道空间需求分析与优化策略》并发表在期刊《城市发展研究》中；先后获得 2019 年北京市"小空间 大生活"百姓身边微空间改造设计竞赛提名奖、WUPENiCITY 2020 城市设计国际竞赛提名奖；在校期间，多次获校级奖学金、优秀学生、优秀毕业生等校级荣誉，获北京市 2021 年优秀毕业生。

采访者： 您印象中的北建大是什么样子？

受访者： 首先是古朴典雅的校园，符合初入大学的高中生对大学的一切认知。古朴典雅的建筑风格，有意境的校园林荫道以及草坪上组建起来的建筑专业结构课的作业模型，包括学校里四季更迭中不断绽放的各色花朵（玉兰、牡丹、凌霄花、月季、海棠、梧桐、玉簪……）；其次是一个氛围浓厚的学术场所，学校有中国建筑图书馆，并且周围有中国城市规划设计研究院、中国建筑设计研究院等大设计院和住房和城乡建设部。

采访者： 在您看来，北建大规划专业的特色和相对优势有哪些？

受访者： 首先，北建大非常注重设计能力和实操能力，师承式的设计课教授方式和敢于打破常规的考试方式（从传统快题向控规和城市设计衔接层面转变）是一大特色。学校的老师们既有深厚的专业基础，同时又有丰富的项目经验，也非常重视对学生设计、策划能力的培养。其次，北建大得益于地理位置的优势，学生们可以参与许多以北京为试点的实际规划项目，并且有机会到中国城市规划设计研究院、北京市城市规划设计研究院等大院实习。最后，北建大在北方也有不亚于老八校的知名度，业内认可度也很高。

采访者： 您对学校规划系的学弟学妹们有什么经验分享与寄语？

受访者： 首先，不吝啬尝试，无论是什么事情。正如乔布斯所说的"connecting the dots"（将生命中的点连接起来），学校有很多优质资源也是一个足够大的平台，竞赛、论文、不同领域的实践活动都要在本科期间多加尝试，而我非常后悔的是没有在保研后抽时间进入大型设计院实习。学生时代是人生中试错成本最低的几年。所以，当你犹豫要不要做的时候，不妨问问自己是不是真的会学到东西提升自己。如果答案是肯定的，那就不要犹豫。第二，不要拖延，注意劳逸结合。

唐薇

采访日期：2021 年 11 月 27 日

受 访 者：唐薇（以下称受访者）

采 访 者：陈尼京（以下称采访者）

个人简介：唐薇，女，本科毕业于北京建筑大学城乡规划专业。

采访者：在您看来北建大规划专业相对于其他院校的特色和优势有哪些？

受访者： 我是来自京外的学生，对比我家乡的院校北建大规划专业主要的优势在于地域，这也是我当初选择在这里就读的原因。地处北京，学校有更多机会举办高水平的论坛和活动，作为学生，我们也由此得到了和业内知名专家、教授交流的机会，听取到了更多前沿的规划研究及案例分享，这对我的整个本科生涯来讲是十分有意义的。

采访者：北建大城乡规划专业的教学经历给您的深刻影响在哪里？收获有哪些？

受访者： 给我印象最深的还是贯穿整个本科阶段的设计课。首先是课程设计本身，从初步设计到建筑设计再到场地设计、城市设计，整个系统尺度层层推进，构建的知识体系庞大完善。其次是老师的教学，无论是小组作业还是个人设计，在课堂中老师都会进行悉心指导。作为大二才转入建筑学院的学生，我能够快速融入新专业的学习也多亏设计课老师对我的全面帮助。

采访者：在您的学习过程中，您是否有过迷茫、困惑或者开心与乐趣？迷茫和困惑的解决方案是什么？

受访者： 我对学习相关理论一开始是抱有很大疑惑的。因为作为城乡规划专业的学生，我们在本科阶段要接触到设计、建筑、景观和规划本身的各种理论，信息量十分庞大，这让我学起来感到枯燥并且难以吸收。但是随着设计课的层层深入，在老师的循循善诱下，我也逐渐学习到了这些理论在设计中该如何应用，明白了设计实践和理论学习是相辅相成的过程。其实在本科阶段，我觉得最好的解惑方式就是和老师进行交流，我那几年的学习中有幸碰到的老师都十分耐心，对于我提出的各种问题都能给出专业的解答。

采访者：您对北建大规划专业的人才培养未来有什么期待或建议？

受访者： 我在北建大学习的几年中深刻体会到了和老师交流的重要性，但我也明白并非所有学生都愿意随时和老师进行交流。因此我觉得可以搭建本专业老师和学生的交流平台，每学期定时和学生们进行访谈交流。其次，我还建议应该让理论课和设计课的联系更紧密一点。将讲授课和设计课的教学进行统一规划，让课上学到的理论能够尽快实践。

赵书铭

采访日期：2021 年 12 月 2 日
受 访 者：赵书铭（以下称受访者）
采 访 者：陈尼京（以下称采访者）

个人简介：赵书铭，女，北京建筑大学城乡规划专业 2016 级本科生。

采访者：您对学校的印象是什么？或者说您对北建大规划专业的画像是什么？

受访者：北建大是一个十分有人文情怀的学校，拥有悠久的历史和雄厚的教学资源，师资力量强大，同学之间相处和谐融洽，老师与我们之间的关系也亦师亦友，在学院学习的五年间，我收获了无数的感动与美好回忆。北建大规划专业给我的感觉是一个培育优质学生的摇篮，只要你肯付出，每个人都能在这里收获成长。

采访者：在您看来北建大规划专业相对于其他院校的特色和优势有哪些？

受访者：首先是悠久的学院历史，其次是良好的地理位置，最后是实力雄厚的师资团队。北建大的历史注定其规划学科的专业性，而良好的地理位置赋予了学校得天独厚的资源，在这里，无数的活案例值得我们去感悟与学习。近年来，许多有国外留学经历的博士加入了学校的师资团队，也为学生提供了更加良好的教学资源。

采访者：北建大城乡规划专业的学习经历给您的深刻影响在哪里？收获有哪些？

受访者：收获最多的除了知识以外就是友谊。知识方面，不仅学习到了基本的知识，还丰富了自己的眼界、补充架构了自己对规划专业的体系框架。而与同学的交往、与老师的相处丰富了我的精神世界，让我体会到了人与人交往的美好。

采访者：北建大规划专业的学生如何更好地利用和发挥学校的地缘优势？

受访者：在学习时，要利用良好的地缘优势，多多调查研究本地的案例，如最典型的故宫、各大公园等等，这些数一数二的景点都是活的教科书。此外，可以去北京周边地区进行调研，如天津、河北等，这些地区也有许多值得学习的相关街区、公园、建筑等，多调研可以丰富自己的知识储备与学科理解。

采访者：您对北建大规划专业的人才培养未来有什么期待或建议？

受访者：期待北建大通过不断丰富自己的教师团队、吸引有才华的学生，来培养更多能干实事的学生、有能力的学生、有团队合作精神的学生，不断为规划领域添砖加瓦，丰富规划行业的血液，更好地为中国的未来而奋斗。

采访者：您工作这几年对规划系的变化有什么感触？

受访者：规划领域经过这几年的更新换代，出现了许多的新思想、新理论、新技术、新体制，但我认为，如果想成为一名合格的规划师，最不能忘记的就是规划的目的——以人为本，改善民生，促进发展。面对众多的新技术、新思想，我们不应盲目追求新颖、力图夺人眼球，而应该从人的角度出发，寻找能够解决问题的出路。哪怕技术手段质朴务实，只要解决了未来发展上可能会出现的问题，那也是一份好的方案。

刘德瑜

采访日期：2021 年 12 月 2 日
受 访 者：刘德瑜（以下称受访者）
采 访 者：吴泽宏（以下称采访者）

个人简介：刘德瑜，女，北京建筑大学城乡规划专业 2016 级本科生，现于英国卡迪夫大学就读城市设计研究生，本科期间小组合作获全国高等学校城乡规划城市交通出行创新实践三等奖并获评"优秀毕业生"。

采访者：**您对学校的印象是什么？或者说您对北建大规划专业的画像是什么？**

受访者：虽小却有着非常优越的地理位置。

采访者：**在您看来北建大规划专业相对于其他院校的特色和优势有哪些？**

受访者：课程覆盖面广，规划类型多样，跟实际接轨好。

采访者：**您当时选择到北建大城乡规划专业学习深造，是出于什么样的考虑？**

受访者：当时先选择了北京这座城市，再选择城乡规划这个专业；并且北建大该专业排名较好，最终决定就读。

采访者：**北建大学习经历带给您比较大的影响是什么？**

受访者：对我的专业知识能力以及学习能力有很大帮助和提升。

采访者：**在专业学习过程中，师生的关系如何？**

受访者：师生关系良好，教师乐于解惑。

采访者：**北建大城乡规划专业的学习经历给您的深刻影响在哪里？收获有哪些？**

受访者：在本科的五年里，北建大通过专业理论和规划设计相结合的课程设计，为我的城乡规划体系认知打下了一个良好的基础。若未来决定继续从事相关工作，因对每类规划的流程都有过了解，能更快上手并完成。

采访者：**在您的专业学习过程中，您是否有过迷茫、困惑或者开心与乐趣？迷茫和困惑的解决方案是什么？**

受访者：迷茫、困惑和开心都是有的。当自己的设计方案得到认可或者又学习了新的知识时，成就感和满足感油然而生；当设计过程中遇到瓶颈以及后期需要开始做下一步的人生规划时，迷茫和无力感就会出现了。设计上需要多看案例且多和老师、前辈交流，人生规划上要想清楚自己对这个行业的喜爱度以及将来自己到底想做什么。

采访者：**北建大规划专业的学生如何更好地利用和发挥学校的地缘优势？**

受访者：利用学校优越的地理位置多走出去探索城市、感受城市。

采访者：**您对城乡规划专业的新生以及在校学生有什么建议？**

受访者：多学习规划专业相关软件，拓宽设计方案思考角度。

采访者：您对规划行业或者规划专业的未来发展如何看待？

受访者： 国内的规划系统正在进行一些新的探索，且从增量逐渐向存量转变，规划和设计师们也需要跟着这些转变展开新的思考和实践。

采访者：您对学弟学妹还有什么其他的建议和提示？

受访者： 我认为硬实力是首先被考量的——扎实的规划功底和理论知识；但软实力，如学习能力也不能少，这是在工作中持续进步所需要的。

倪晨辉

采访日期：2021 年 11 月 12 日
受 访 者：倪晨辉（以下称受访者）
采 访 者：杨梅子（以下称采访者）

个人简介：倪晨辉，女，2019 年毕业于北京建筑大学建筑与城市规划学院，获得城市设计方向硕士学位，师从张大玉教授及胡越总建筑师。现就职于北京市建筑设计研究院有限公司胡越工作室。在研究生期间致力于中国传统村落保护规划及北京老城保护更新方面的实践与研究，参与过重庆柳沟村保护规划、北京展览馆前广场设计改造、通州背街小巷更新项目等。毕业论文研究方向为通州老城背街小巷微更新设计研究，弥补对于城市中微小空间关注的缺失。在工作期间，参与了长安街及其延长线公共空间整体设计、中国电科成都产业基地城市设计等。

采访者：请谈谈您工作或者学习以来的心得，主要研究的领域还有主要的工作成绩。

受访者：工作后我从事城市设计相关的研究方向，做过城市设计的项目2～3个。一个是成都的城市设计的投标，还有一个是北京街道提升，还有老城区的更新改造。

采访者：您对学校的印象是什么？

受访者：咱们学校在北京市拥有得天独厚的区域位置。一个是因为学校周边就是中国建筑设计研究院、北京市建筑设计研究院，还有中国城市规划设计研究院，离中国建筑设计标准研究院也非常近，所以对于北建大的学生来说，是非常有利的一点，很方便接触到这些设计院，也有不少实习的机会。还有一点，在北京，北建大的认可度是很高的，比如说我们那一届很多人进入北京市建筑设计研究院的大师工作室，同学们在各个设计院也是进入顶尖的部门。所以说在我工作以后北建大这个平台是得到了很多认可的。上学时的印象是学校比较精致的，处于北京二环，地价非常高，当时我们也是开玩笑说我们住着全北京最贵的宿舍。北建大的校园是特别漂亮的，而且有很多小空间都设计得非常有感觉。学校老师都很负责任，而且各方面能力都很优秀，可以给学生们提供很多的建议。

采访者：北建大怎么能更好地发挥其地缘优势呢？

受访者：我觉得更多的是跟西城区或者是北京市的一些政府单位，或者是一些企业能有更深入的合作。比如前段时间，学校姜书记和张校长还去了我们单位走访参观，加强校企联合，我觉得这样很好。也可以多与街道和区级政府开展一些项目上的合作。这样学生们就可以深扎到首都功能核心区域去做一些项目或者是调研等各方面的工作。

采访者：当时选择北建大城乡规划专业是出于什么考虑？

受访者：因为当时张老师刚刚接管北京高精尖中心，他说高精尖中心会做一些北京城内的城市更新、街道改造。我当时其实对这种核心区的改造还是比较感兴趣的，而且平台刚刚建好，就觉得会有很多的学习或提升的机会。

采访者：您对即将毕业的学生有什么建议吗？

受访者：如果是本科生，我建议他们可以继续深造。因为其实很多本科生毕业之后，对于建筑或者规划的感觉还没读到，还不知道自己到底适合哪个领域。如果可以深入学习，就还可以利用研究生的时间去感受、去决定；或者是出国，也是一个挺好的选择。如果是研究生，毕业之后觉得自己还喜欢这个专业，推荐去规划设计院。但是如果觉得自己真的是在这方面没有什么天赋，但是又不想离开这个行业，就可以去考考公务员或者去地产等相关公司，这样既可以不完全丢失专业，又不用再做设计。如果对于研究方面还是有极大的热情，推荐考博。就业方面不管是本科生还是研究生，特别是本科生，我建议早作打算、早作规划，最好在大三、大四抓住寒暑假的机会多出去实习，提前感受一下设计院的工作环境以及工作内容，看看自己到底适不适合或者喜不喜欢。其实建筑行业很大，如果设计这方面走不下去，还可以做宣传类的工作，比如说杂志社的工作以及建筑摄影方面。

采访者：您对北建大规划专业的人才培养和未来有什么期待？

受访者：第一个，规划专业的培养还是要紧密围绕首都功能核心区的定位和发展需求，同时要跟其他专业有一定深度的融合，考虑规划专业怎么样跟社会学、地理学、人类学以及其他学科去交叉？再一个就是专业实践方面，怎么样跟其他高校和其他的省、市合作，包括城市更新、遗产保护的实践；产、学、研怎么样去结合，怎么样把北建大的教学理念、培养方式，跟其他高校去对比，通过对比找到优势、发现差距、找到差异点和特色点，这样才能更好地发展。期待北建大城乡规划专业早日取得博士点资格，希望未来中国的重点核心城市的规划及设计都有北建大的参与。

采访者：在学习期间会不会有什么迷茫？怎样处理？有哪些挑战？学习期间面临的问题与挑战是怎样解决的？

受访者：写论文期间，我当时做的是北京城市副中心老城区背街小巷的更新改造设计研究，首先在老城范围内对所有的背街小巷进行界定，展开调研。当时我在通州待了一个月的时间，每天早出晚归，走遍整个副中心的老城区，拍照、绘制、记录尺寸、绘制图纸。因为背街小巷在地图上都是没有标明的，没有被明确界定。回来也跟导师讨论过，就背街小巷这个问题，小巷的安全性也是我们需要改造提升的一个很重要的部分，不止提升它的风貌、形象，功能性、安全性都很重要，这让我觉得是一个挑战。我曾参与了几个这种背街小巷的竞赛、项目，再写出的这篇论文。我当时觉得最大的一个挑战就是对于这种特别小的空间，其实可采取的提升和更新手段非常少。经过张老师还有欧阳老师的建议，就从整个老城区的脉络入手，提升其文化氛围和功能性，从怎样疏通各个像毛细血管一样的街道、空间，怎样注入一些活力、功能，怎样提升其安全性等方面进行研究。

采访者：您的工作跟学习是怎么衔接的？怎样学以致用？

受访者：我读研时期跟张老师和欧阳老师做过传统村落保护规划以及一些建筑的更新、改造，这些都是偏传统村落的，我们每年也会做传统村落评审。张老师对规划专业、建筑专业、景观专业都很熟悉，所以我觉得我在特别好的一个学习环境中，全专业都可以接触到。虽然我是城市设计方向，但是当时也是会学习很多总规方面的一些最新的指示或者新出的政策，这些使我在工作中得心应手。其实建筑设计院很多人对规划专业不是特别了解，但是如果在北京做项目，这种总体规划对建筑设计方向还是有一定的指导意义的。此外，我觉得我的优势在于我会更多地考虑上位规划的要求。

李峻峙

采访日期: 2021 年 10 月 18 日
受 访 者: 李峻峙 (以下称受访者)
采 访 者: 王利成 (以下称采访者)

个人简介: 李峻峙，男，北京建筑大学城市规划专业 2020 届毕业生，先后于北京市城市规划设计研究院、中国建筑设计研究院、中国城市规划设计研究院、北京清华同衡规划设计研究院实习，工作单位为北京舜土规划顾问有限公司。

采访者：您选择北京建筑大学的缘由？

受访者：北京建筑大学是北京市内唯一一所建筑类专业高校，学校地理位置优越，城乡规划学科在业内知名度较高。并且我希望以后在京津冀区域内长期发展，我校规划专业在这一区域内口碑较好。并且读研前老师曾介绍，北建大规划专业拥有高精尖创新中心，能够紧跟时代和专业热点，资源优势明显。

采访者：您来到北京建筑大学的感受和收获？

受访者：学术氛围较为浓厚，学校老师各怀绝技，教学方式多样，课程可以根据自己的兴趣选择，并且导师在培养学生时也会因材施教，个人的发展及提升都较快。受专业硕士双导师和距离设计院较近的影响，学生普遍实践实习的意识较为强烈，在产学研一体化的教学模式下，硕士学习这三年时间都安排得较为科学合理。自己的学术写作能力及项目经验在导师及学术答辩组老师的帮助下也提升较多，讲座论坛活动使得学生能紧跟热点，也见识了周边中建院、中规院、北规院等一流设计院的工作模式。

采访者：北建大规划专业相对于其他院校的特色和优势？

受访者：第一是省部共建，在乡村规划及老旧小区整治等方面能够有机会和住房和城乡建设部相应课题紧密联系；第二是城市设计领域各类资源较多，高精尖中心、城市设计论坛以及每年的城市设计竞赛活动较多；第三是鼓励实践，得天独厚的地理优势下，学校周围有多所设计院，学生普遍能进入大型设计院实习，从就业来说具有优势。

采访者：您在工作期间，日常面临的主要问题有哪些？其中最具有挑战性的部分是什么？

受访者：空间规划工具软件使用上的障碍、多重标准下不知该参考哪本规范、减量背景下规划思路的转变等都是面临的问题。最具挑战的是土地利用规划底子较薄弱，在做规划时有时要花较大精力去消化用地现状中反映的信息，往往技术处理就要绞尽脑汁，项目本身拔高创新的空间被技术短板和甲方要求进一步限制，还没形成整体的多规框架下的规划价值观。

采访者：您对规划行业或者规划专业的未来发展如何看待？

受访者："路漫漫其修远兮"，整体前景不容乐观，但要看到好转的希望。

行业主管部门调整的阵痛仍会持续数年，规划专业人才所接受的知识、书籍等还是之前的内容，导致没有工作经验的从业者落伍严重，规划编制水平大受影响。并且随着甲方要求越来越多，规划行业利润空间被严重压榨，人才流失、政策不明、大而泛的价值导向使得实用性规划、参与式规划推广困难重重。但近年来城市规划、土地利用规划融合成果显著，技术、知识、项目的深度融合，行业自下而上正在突破重重迷雾，随着国土空间规划项目相继出炉，有理由相信行业专业体系必将加速成型。

采访者：设计院或者社会对于规划专业人才的需求，以及对毕业研究生有哪些要求？

受访者：实习经验、参与项目类型广泛程度、团队协作能力、技术或知识储备等等均比较重要。尤其是对毕业研究生方案能力的要求已经不限于小地块的城市设计，越来越重视对八大类用地下的总体规划的认知，顺应行业改革趋势更新自己的技能包尤为重要。

采访者：您觉得北建大规划专业有什么不足，哪些方面需要继续努力？对北建大的规划专业有哪些建议？

受访者：一是开设国土空间规划课程；二是促进与北京工业大学等临近学校的专业交流活动；三是大五、研二、研三可考虑开设几门任选不计入学分的课程；四是高精尖中心或者城市设计大会设置学生论文宣讲或者方案展示汇报环节。

孙啸松

采访日期：2021 年 10 月 20 日

受 访 者：孙啸松（以下称受访者）

采 访 者：宋健（以下称采访者）

个人简介：孙啸松，男，2021 年毕业于北京建筑大学，现就职于江苏省规划设计研究院。

采访者：首先想问一下您对北建大的印象是什么？以及您对北建大规划专业的画像是什么？

受访者： 我之前一直在南方生活，本科也是在南方读的，所以当时报考的时候也不是太了解，来了之后给我的第一印象就是学校地理位置好，地处北京二环边，区位交通优势明显；第二印象是小而精致：学校虽小，但"五脏俱全"，健身房、羽毛球馆、设计院、研究院以及图书馆应有尽有，且学校内的一草一木，每个小空间都是被精心设计过的。对于北建大的规划专业来说，师资力量强大，教学平台优质，有坚实的专业培养体系。

采访者：您当时选择北京建筑大学的规划专业，是出于什么样的考虑？这段经历给您带来了什么样的影响？

受访者： 一是出于对北京这座城市的向往，毕竟是首都，有更多开阔视野的机会；第二是对自己当时备考状态的预估吧，选了一所比较稳的学校。在学校的三年研究生生活，可以说意料之中也是意料之外，除了日常的课程学习，也有一些实际方案的训练，这对我以后的工作有很大帮助。

采访者：您觉得在专业学习过程中，你印象最深的事情是什么？

受访者： 专业上印象最深的是一次"共同缔造"的活动，时至今日都还记忆犹新，实际方案和我们的课程作业还是有很大差异的。在工作以后这种感受会尤其明显，政策上的影响、甲方的干预以及使用者的意愿，你都得去平衡，就像最近的"梦想改造家"一样，做真实的规划还要以业主的意愿为主。

采访者：您在研究生的这三年中，是如何规划学习与生活的，有什么经验可以和我们分享一下吗？

受访者： 首先肯定是要想清楚自己未来想做什么。其次就是决定去哪发展，是留在北京还是回户口所在地，要带有一定目的性去实习，尽可能了解你想做的事情，然后判断是否是自己想要的。

采访者：除北建大的地缘优势以外，您觉得北建大规划专业和其他院校相比有哪些特色或者优势？

受访者： 一个是质量和级别很高的学术活动，比如我研一刚开学没多久学校就请到了王凯教授给我们讲座，就像平时上课一样，还是挺震撼的。还有就是会举办各种学术竞赛，如乡村竞赛，还和很多高校都有联合毕业设计，以及哈佛行等类似的活动。这些活动可能和专业相关，或者又不相关，如果对本专业不太感兴趣的话，慢慢也会找到自己感兴趣的点，可以有很多机会接触、了解本专业知识以外的东西，可能对自身的发展会有一些好处。

采访者： 顺着这个话题再问一个，您现在已经步入设计院，从设计院或者是规划行业考虑，对毕业研究生有哪些要求？

受访者： 专业基础知识以及规划相关的软件、政策、规范，这些都可以慢慢积累，我觉得最主要的就是你要愿意去做规划这个行业。另外比较重要的是与人的接洽沟通，在规划院的工作基本是团队协作，不仅是内部的沟通，更需要同甲方、领导的交流，这些都是一个人综合能力高低的体现。

采访者： 您对城乡规划专业新生及在校学生有什么样的建议，对即将毕业的学生有什么样的建议？

受访者： 确定自己的研究方向，比如是偏宏观分析，还是偏微观设计，并为之付出努力。对于即将毕业的同学来说，选择好就业类型，是考公务员，还是去设计院，想好了就好好准备吧。

采访者： 最后谈谈您的寄语吧。

受访者： 祝学校越办越好，祝大家前程似锦！

徐雪梅

采访日期：2021 年 10 月 20 日

受 访 者：徐雪梅（以下称受访者）

采 访 者：宋健（以下称采访者）

个人简介：徐雪梅，女，2020 年毕业于北京建筑大学，现就职于北京市规划和自然资源委员会
海淀区分局

采访者：首先问一下您对北建大的印象是什么？以及您对北建大规划专业的专业画像是什么？

受访者： 首先我觉得北建大在规划、建筑方面专业性比较强。第二点是学校有很多学习、锻炼的平台，对于学生从学校向工作过渡很有帮助。学校拥有很好的平台，比如学校的城市设计高精尖创新中心，学校与周边高校的合作，以及与行业内设计院联合的人才培养基地等，都是很好的学习、锻炼机会。

采访者：您当时选择北京建筑大学城乡规划专业学习是出于怎样的考虑？能简单地谈一谈吗？

受访者： 北建大在北京的高校中整体实力是比较好的。本科的学习是初入门的阶段，在继续深造时，我觉得在北建大能够使自己得到全方位的深入学习，包括就业，我觉得在这里能够有一个好的就业平台，这是选择的初衷。

采访者：北建大的学习经历给您带来哪些比较大的影响？

受访者： 首先在专业方面，在各位老师的专业授课以及一些实践项目合作的学习过程中，使自己在专业知识方面有系统性的学习及更深入的了解；然后在实际工作时也能够更好地把自己的专业知识与实践相结合。

采访者：您在学习期间对自己未来的发展规划与工作现实之间的关联度是怎样的，其中有什么样的经验和思考可以和我们分享吗？

受访者： 整体上还是存在一定的关联程度。学校期间对于规划专业的学习为工作打下了很好的基础，包括基本的规划知识点，对于工作还是很有帮助的。工作后有很多方面需要学习，但是有规划专业的知识基础，能够更快地学习、领会。

采访者：请您谈一谈工作以来您的心得、主要的工作类型，以及您在工作中处理得比较好的一些案例。

受访者： 我现在的工作主要是规划管理方面的，偏向于规划实施。之前在学校学习的规划，其实还是偏向于宏观及设计层面，更加侧重于城市战略性的规划及各个层面的城市设计。在工作过程中，这些总体规划及详细规划要落地，就要考虑规划与实际的关系，实施过程中涉及土地权属、实施时序等问题，因此考虑的角度会更加多元化。

采访者：您对城乡规划专业的新生以及在校学生有怎样的建议，对即将毕业的学生就业有什么建议？

受访者： 我觉得对于新生而言其实是在一个打基础的阶段，一方面要把我们专业最基本的知识学扎实，才能更好地满足国土空间规划的整体需求。另一方面在专业知识上，首先要把城市规划原理这些基本的知识点掌握好，对于其他相关的专业，如建筑学、地理人文学、经济学等专业，都可以有所涉猎，从而对规划专业有更好的把握。

对即将毕业的同学而言，首先是把知识学好，把自己的论文写好；其次就是要明确自己的就业方向，不论是从事设计方向还是去其他行业，都要有一个明确的目标，提前做好准备。

采访者：您如何看待北建大规划专业未来的发展，对北建大规划专业人才培养有哪些建议或者期待？

受访者： 对于规划专业的发展，我觉得现在首先从整体的发展来说规划覆盖的面越来越广，其次规划专业越来越精细化，需要我们注重"绣花"功夫。一些城市已经从增量发展转变为存量发展，宏观性的规划明确后，城市更新等城市织补是一个大的方向，其次再到社区服务管理方面。对于专业人才培养的话，我觉得除了整体的培养，可以针对性地让学生选择自己喜欢的方向，进行更加深入的研究。另外，我觉得也可以结合当下的就业情况，给予学生更多的实践平台。

采访者：最后请您在北建大城乡规划专业办学 20 周年之际，说几句寄语吧。

受访者： 希望学校能够培养更多优秀的人才，为我们的城市发展作出更大的贡献，希望学校越办越好。

赵 旭

采访日期：2021 年 11 月 2 日
受 访 者：赵旭（以下称受访者）
采 访 者：孔远一（以下称采访者）

个人简介：赵旭，男，北京建筑大学建筑与城市规划学院 2020 级毕业生。

采访者：今年是北京建筑大学城乡规划办学20周年，借着这个机会提问您几个问题，首先请您谈谈您的工作经历。

受访者：毕业之后，我在政府部门工作，最主要的工作就是协调部门之间的工作。现在较少涉及规划专业，而处理部门关系的事情比较多，比如负责公文写作和汇报。

采访者：北建大的学校生活对您帮助最大的是什么？

受访者：专业对我最有帮助的是导师的引导。跟了心仪的导师，相当于选择了一条适合自己的人生道路。

采访者：我听说您工作之后到了云南，能否了解一下具体情况。

受访者：云南这边环境比较好，但这边的工作机会相对较少。昆明的设计院工资不算高，但任务量大。如果要来昆明的设计院，比较好的有省院和市院。研究生进这两所设计院比较容易。虽然前两三年比较辛苦，但积累到一定经验后待遇会好。

采访者：工作和学习都是需要慢慢成长的。您对北京建筑大学的印象如何呢？

受访者：我本科是昆明工业大学的，来到北京建筑大学之后，我感觉跟着张老师学习是最适合我的选择。学校的校园环境不错，教育资源强，师资力量充沛。北京建筑大学能接触到一些大项目，学校在业界的知名度很高。

采访者：您当时来北建大读研，是出于什么样的考虑？

受访者：在北建大读研可以有很多机会认识一些特别知名的专家学者。

采访者：借着这个机会，您觉得在北京建筑大学的学习经历对你影响最大的是什么？

受访者：最主要的是选择跟张老师读了研究生，在社交方面跟张老师学到了很多。跟荣老师项目会多做一些，跟苏老师能多学习一些软件知识。跟这些老师都可以学习到不同类型的知识，对我个人成长影响很大。

采访者：来北京建筑大学规划专业学习对您个人工作影响最深的地方有哪些？

受访者：对我个人来说，工作和学习的内容关联性较小，但学历和专业是这个行业的门槛。如果进设计院的话，在学校学习到的知识是非常有用的，但如果去政府部门的话，学历是一个门槛。你们应该是在两年之后就要开始找工作了，有没有想过要做些什么？趁着时间还早，尽量多考虑未来的一些问题，做好充足的准备。

采访者：跟你当时一届的城乡规划专业的同学，他们都去做了些什么？

受访者：我毕业的时候，班里男生基本没有考公务员的想法，女生里面也只有一两个人想考公务员，工作收入稳定一些。我们那时候男生可能不太喜欢进体制内，也许更想去设计院画图。在昆明随着年龄的增长到 30 岁左右，年收入会逐渐增加，但相同工龄的公务员可能只有他们的一半。

采访者：我替广大在校生向您提问一个问题，您对于新生有什么想说的吗？

受访者：对于新生来说，我建议做好写论文的准备。这对大多数人来说是一个很艰难的过程，一定要做好心理准备，提升自己的阅读与写作能力，发表自己的论文，这是你们的必经之路。等过去这一步，再考虑工作的事情，因为两年之后的你们马上就要面临生存问题。

采访者：谢谢赵师哥！

王 婷

采访日期: 2021 年 10 月 18 号
受 访 者: 王婷（以下称受访者）
采 访 者: 王利成（以下称采访者）

个人简介: 王婷，女，于 2021 年 7 月于北京建筑大学城乡规划专业硕士研究生毕业，现工作
于黑龙江省城市规划勘测设计研究院。

采访者：您选择北建大的缘由是什么？

受访者：一个是北京建筑大学从学校水平、专业、师资方面都非常有名气，也有建筑方面的背景，有很好的就业平台。所以，从就业、发展以及能学到的知识以及平台上来讲北建大都是非常不错的选择。

采访者：请您谈一谈来到北建大的感受和收获？

受访者：来到北建大的感受有很多。首先，使我专业方面有很大的提升，本科期间我的基础知识不是很扎实，经过北建大专业课程以及导师全方位的引导，在专业思想上面能够达到就业的要求。来到设计院后，可以达到比较高的业务水平。其次是我自身的能力，受学校整体精神文化方面的熏陶，加之北京整体的节奏比较快，使我能够承受工作中的种种压力，这对我自己来说也是很大的收获。

采访者：您觉得北建大规划专业相对于其他院校的特色和优势是什么？

受访者：专业优势方面，北建大规划专业有自己的教学系统，课程设置比较独到。比如规划评估或者是遗产等方面，都是学校专业的特色。其次高精尖中心作为平台，为学生提供讲座或者大型的竞赛等活动，这些都是开阔学生视野的一种方式。除此之外，北建大的地理位置优越，而且周边有很多国家顶尖的设计院，如中国城市规划设计研究院、中国建筑设计研究院等，可为学生提供实习的机会。

采访者：您在工作期间，自己日常会面临的主要问题有哪些？其中最具有挑战性的是什么？

受访者：工作上，因为我是刚毕业的学生，来到设计院需要进行身份的转换，对于设计院的整体节奏以及甲方的需求，都需要逐步地适应。在工作上有很多新的东西需要学习，因为规划专业需要付诸实践，是之前理论学习的补充。最具挑战性的部分，一方面是专业学习上需要接纳新的东西；另一方面就是人际交往，到工作上，要进行很多的社交，与甲方沟通等等。

采访者：您对规划行业或者规划专业的未来发展如何看待？

受访者：首先是规划行业的现状，由于多规合一及国土空间规划的推行，在软件的使用上面，除了传统的规划专业要应用的 PS、CAD 等软件之外，着重需要学习国土地理信息系统相关的一些软件。在学校的时候就可以着重以上软件的学习。其次要关注国土方面的信息，国土空间规划是现在规划专业的一个主导方向。此外我们未来的发展也要考虑落位到详细规划上面，进行城市修补、旧城改造、城市更新，这些也将会是规划的重点。

采访者：请您谈一谈设计院或者社会对于规划专业人才的需求，以及对毕业研究生有哪些要求？

受访者：我们在学校学习的时候是以理论为主的培养方式，会接触到一些项目，是由导师引导的。到设计院之后，我们自己可能要做项目负责人，去负责整体的项目运转，在这个过程中要涉及如何与甲方进行对接，处理好项目的任务分配，然后在专业上面是软件如何使用，如何让自己工作效率更高等问题。所以，在学校的培养上，需要考虑和关注以上内容。

采访者：您觉得北建大的规划专业有哪些不足，在哪些方向需要努力？对北建大的规划专业有哪些建议？

受访者：专业培养上应该考虑应用北京这个平台，根据学生毕业是去设计院或者是去甲方，分方向地对学生进行培养，可能对于就业来说会有更好的发展，因为学生在研究生前期并没有考虑好自己要朝哪个方向去发展，要尽早地让学生进行专业的规划。在规划专业知识摄取上也可以再丰富一点，多开展大型的竞赛或者讲座等活动，去开阔学生的视野。

郑忠齐

采访日期：2021 年 11 月 10 日

受 访 者：郑忠齐（以下称受访者）

采 访 者：张家伟（以下称采访者）

个人简介：郑忠齐，男，2018 级北京建筑大学城乡规划专业研究生，2021 年毕业后入职广州市城市规划勘测设计研究院。

采访者：**您对学校的印象是什么？或者说您对北建大规划专业的画像是什么？**

受访者：北建大建筑、规划专业是北京地区除清华大学外专业实力最强的学校，毕业生大多数都会留在北京或者周边工作，而且都是待遇不错的设计大院。我对北建大规划专业的画像是"专业"，每个老师都很认真负责，对于设计有着自己的追求与热情，专业老师的实力都很强。

采访者：**在您看来北建大规划专业相对于其他院校的特色和优势有哪些？**

受访者：当时最看重的是北建大在北京的地理优势，地处北京西城区，学校紧挨着中建院与中规院，实习机会很多，同时就业方面也比较方便，资源也丰富。老师基本上都是清华大学、天津大学以及海外知名大学毕业，教学质量也很高，每学期有很多大牛教授来校讲座，相比于我的本科学校，专业视野得到了极大地开阔。

采访者：**您当时选择到北建大城乡规划专业学习深造，是出于什么样的考虑？**

受访者：首先北建大位于首都北京，一直是我很向往的地方，其次是专业实力，在地处北京的几个开设规划专业的院校中是很不错的。

采访者：**北建大的学习经历带给您比较大的影响是什么？**

受访者：在北建大学习的这三年，可以说是我人生中最丰富、最充实的三年。专业学习与项目实践一直在这三年里同步进行，使我学会了学习与思考，拿到一个项目该从哪方面入手了解以及做项目的流程等等，总之这三年是我成长最快的一段时光。

采访者：**您在学习期间对于对自己未来的发展规划与工作现实之间的关联度如何？其中有什么经验和教训与我们分享吗？**

受访者：我在研究生期间基本都是跟着导师做项目，那时做的项目与现在的工作还是有些差别的，关联度不是特别大，基本是有什么项目做什么项目，后来设计院基本都是偏向某一专业领域的规划，研究生期间要学会自我学习与自我规划，知道自己将来想要做什么，想从事专业的哪一个子领域，是设计类型、保护类型抑或是法定规划等，或者是考公务员，一定早做打算。

采访者：在专业学习过程中，师生的关系如何？硕士生导师在选择学生方面有哪些具体要求？

受访者：我与导师的关系非常融洽，我很尊敬、崇拜我的导师，遇到困难也会寻求导师的帮助。我的导师是一个很和蔼可亲、擅于同学生交流的人。导师在选择学生时可能更看重学生是否对自己研究的方向感兴趣，第一次交流给导师呈现的感觉如何等方面。

采访者：在您的专业学习过程中，您是否有过迷茫、困惑或者开心与乐趣？迷茫和困惑的解决方案是什么？

受访者：在研一时有过一段迷茫，那时专业课与项目一起进行，时间分配得不是很好，焦头烂额，每天感觉都有好多做不完的事情，所以建议大家在最开始就要学会管理好自己的时间，做好每天规划。不仅要有每天规划，也要有每周、每月的规划。按四象限时间管理法每日给自己列任务。

采访者：您对城乡规划专业的新生以及在校学生有什么建议？对即将毕业的学生就业有何建议？

受访者：研究生基本是绝大多数同学的最后一段在校时光，一定要学会珍惜以及利用这段时光，多阅读专业书籍，当然不是专业的也可以，能够开阔规划的视野、拓宽规划的思路，要学会加深灵魂的厚度。对于即将要就业的同学，一定要多尝试、敢于尝试，每个考试都去试一试，做多手准备，不要拖到最后被动等待或者"一棵树上吊死"，非他不可，多准备一些总归是好的。最后祝愿即将毕业的学弟学妹前程似锦，找到自己心怡的工作。

崔兴贵

采访日期: 2021 年 11 月 28 日
受 访 者: 崔兴贵（以下称受访者）
采 访 者: 郑毅（以下称采访者）

个人简介: 崔兴贵，男，北建大城乡规划专业 2021 届毕业生，并于同年进入北京北建大城市
规划设计研究院工作（隶属于北京建筑大学）。

采访者：**您对学校的印象是什么？**

受访者：北建大整体的校园氛围还是很不错的，学校所拥有的资源也十分丰厚，在教学成绩上十分优秀，是一所可以推动学生学习并进一步提高的学校。

采访者：**在您看来北建大规划专业相对于其他院校的特色和优势有哪些？**

受访者：北建大城乡规划专业拥有较为优越的教师资源，教师团队紧跟专业知识的更新，理论研究教学以及项目实践相结合，促进学生全方面的发展。

采访者：**您当时选择到北京北建大城市规划设计研究院工作，是出于什么样的考虑？**

受访者：北京北建大城市规划设计研究院拥有较好的发展前景，处在快速发展期，并且对工作职员的要求较高，可以锻炼、提升我个人的工作能力。

采访者：**北京北建大城市规划设计研究院的工作经历带给您比较大的影响是什么？**

受访者：北京北建大城市规划设计研究院虽然成立时间不长，但是对员工的要求比较严格，对工作过程以及成果都有着较高的要求，且有很多工作经验丰富的规划师，能够传授许多技巧和规划方面的知识。

采访者：**您在工作期间对于对自己未来的发展规划与工作现实之间的关联度如何？其中有什么经验和教训与我们分享吗？**

受访者：规划师在发展过程中是需要工作经验积累的，所以北京北建大城市规划设计研究院的工作经历既使我积累了经验同时也可以进行理论知识的学习补充，可以为之后考注册规划师做准备。

采访者：**您在工作期间，自己日常会面临的主要问题有哪些？其中最具有挑战性的部分是什么？**

受访者：我在工作中时常会在项目推进过程中遇到一些问题，例如与甲方的对接沟通，汇报过后甲方提出问题的解决方法等。

采访者：**您认为北建大规划专业的学生应如何更好地利用和发挥学校的地缘优势？**

受访者：北建大城乡规划专业的学生可以充分利用校内规划院的资

源，多参加院内的项目实习，在实践中锻炼自己，将规划理论知识运用到实践当中。

采访者：您对规划行业或者规划专业的未来发展如何看待？

受访者：城乡规划是一个持续性工作，国家在政策以及发展方面更加注重规划的作用，对城市以及地域进行科学合理的发展规划，引导城市健康有序发展，所以城乡规划专业在未来的发展是必不可少的。并且也要注重规划的实践性，避免规划脱离实际。

采访者：设计院或者社会对于规划专业人才的需求，以及对毕业研究生有哪些要求？

受访者：就北京北建大城市规划设计研究院来说，规划院要求毕业生专业性较强，需要更加综合性的规划人才，以及在一些领域，例如生态、交通等方面的专业人才，在村庄规划、总体规划以及控制性详细规划等规划层面都需要各专业的参与。

刘靖文

采访日期: 2021 年 11 月 17 日

受 访 者: 刘靖文（以下称受访者）

采 访 者: 姚艺茜（以下称采访者）

个人简介: 刘靖文，男，2021 年毕业于北京建筑大学城市规划专业，现就职于山西省规划院。

采访者： 从您个人出发，对北建大的印象和对规划专业的画像是怎样的？

受访者： 我在北建大学习了八年，从本科入学到研究生毕业，对于北建大的规划专业，我感受比较深的一个方面是，我觉得学校的规划专业的发展和提升的空间还是很大的，不论是从学校近几年的获奖情况，还是从学校的规划专业的学科排名，都可以看出来。另外，我认为北建大规划专业的教师力量是非常强的，这个是毋庸置疑的，这也是规划专业本身的优势所在。

采访者： 在您看来北建大规划专业相对于其他院校的特色和优势有哪些？

受访者： 北建大的优势还是很明显的，第一个是学校的教师资源比较优质，有一批能力很强的老师；第二个就是咱们学校地理位置还是比较好的，几家大设计院，包括中国建筑设计研究院、中国城市规划设计研究院等，都在咱们学校附近。

采访者： 您当时选择到北建大城乡规划专业学习，是出于什么样的考虑？

受访者： 首先，当时选择去北京读书，是因为我想来北京看看，我想更直观地去了解大城市到底是什么样。而当时选择北建大的时候，其实对咱们学校了解得不太多，但是经过这么多年的学习和感受，现在看来，咱们学校在北京的优势还比较突出的。

采访者： 北建大城乡规划专业的学习经历给您的深刻影响在哪里？收获有哪些？

受访者： 在北建大规划专业的学习经历中，首先，给我影响最深刻的，并不是每一次的上课，也不是每一次的各种课程作业，其实更多的是在于日常的学习生活中，比如说我常常在电脑边画图一画就是几个小时，可能就是在对于一个东西进行反复深化，最后终于领悟了，其实这个也就是我们通常说的自学能力。第二，给我的影响比较深刻的是北建大的老师，尤其是研究生期间，导师在各个方面对于我的影响还是比较大的。除了自己的学习经历和学校优质的师资，让我受益匪浅的还有学校举办的学术讲座，许多业内具有权威性的专家都曾受邀来北建大举办讲座，比如中规院的杨保军院长和王凯院长都来咱们学校举办了讲座，这些讲座对我们的影响是比较大的，能够给我们讲授一些来源于生产一线的专家们的经验或者一些站在学科前沿的思考和见解，在我看来，这些对于学生来说是非常重要且宝贵的。

采访者：您在专业学习期间，自己日常会面临的主要问题有哪些？其中最具有挑战性的部分是什么？

受访者： 专业学习期间面临的主要问题，我觉得是在学习一些新东西或吸收一些新知识的时候，如果没有时间去重温一遍，就很难真正理解它。

采访者：在您看来，北建大规划专业的学生如何更好地利用和发挥学校的地缘优势？

受访者： 我觉得，北建大规划专业的学生不仅要好好利用教师资源来充实自己、夯实基础，还一定要多去周边的设计院去实习，充分利用学校的地缘优势，体验一下真实的工作状态，纸上得来终觉浅，真正的实践跟学习还是相差比较多的，所以提前进入实战是非常重要且必要的。

采访者：请您谈谈您工作以来的工作心得、主要研究类型与方向、工作主要成绩以及主要作品。

受访者： 我今年刚工作，可以分享一些到目前为止我在工作方面的心得体会。工作之后，我发现在学校期间学到的专业知识在工作中能够用到的是非常有限的，更多的其实是个人的工作习惯，或者是学习的习惯，利用自己培养的这些习惯，去快速学习新的东西。因为现在规划行业正处于一个改革的新时期，大家都在面临很多新问题，尤其是我近期参与的一些项目，主要是国土空间规划，就很明显地发现与学校里学的知识差别较大，基本百分之六七十的内容都要靠自己去学习和摸索。这也是我建议大家在求学期间要多参与实习的原因。

采访者：您对规划行业或者规划专业的未来发展如何看待？

受访者： 虽然现在各地都在如火如荼地做国土空间规划，但我个人认为，其实它最核心的部分，或者说是最主要的部分，还是城市规划，虽然有其他的一些专业加入，但是核心的还是城市规划。各个专业融合到一块儿之后，总有一个领头的。所以我认为规划专业本身，不论是对于城市发展来说，还是对于国家发展来说，都是一个比较重要的专业。在我看来，规划专业的未来发展应该是朝着更加科学化、统筹化的方向不断提升、完善、突破。

采访者：在您看来，设计院或者社会对于规划专业人才的需求，以及对毕业研究生有哪些要求？

受访者：别的能力不提，快速学习和反应的能力是必须要掌握的，这是第一位的。此外，规划专业本身的基础知识也是要掌握的，基本的规划素养一定要扎实。虽然现在正处于一个行业改革的新时期，各大高校，甚至整个规划行业都在面临"转变"这个问题，如何架构新的城市规划专业体系也是大家在不断探索的一个问题。整体来看，很多事情都处在一个不断变化的过程，但是在这个过程当中最核心的一点还是自身的本领要够硬，因此快速学习的能力就很重要。

采访者：您对学弟学妹还有什么其他的建议和提示？

受访者：首先，一定要和老师多交流。在学校期间，学生可能不太能够感受到这个行业整个变化的过程，但是老师们的阅历还是很丰富的，很多老师曾在生产一线工作过，多跟他们去聊一些关于行业的事，大家会有很多收获的。第二，希望大家能够多看一些学科前沿的研究，比如近几年发表的关于国土空间规划的一些文献。第三，学习时不要局限于规划专业本身。因为工作之后你可能需要与不同专业的人打交道，如果你不懂对方的专业，沟通起来就会有一定的难度。我建议大家在校期间能多去研究一些比较前沿的东西，并且要敢于跨界去做研究，比如前段时间华为技术有限公司和北京超图软件股份有限公司合作架构了一个新数据公司，这也是非常值得大家去探索、研究的一个新方向。

王一鸣

采访日期：2021 年 11 月 12 日
受 访 者：王一鸣（以下称受访者）
采 访 者：陈一涵（以下称采访者）

个人简介：王一鸣，男，1994 年出生，沈阳建筑大学 2013 级城乡规划专业学士，北京建筑大学 2018 级城乡规划专业硕士。荣获北京市优秀毕业生、北京建筑大学优秀毕业生称号；获得国家奖学金 1 次；获得城乡规划专业指导委员会社会调查竞赛佳作奖；参与住房和城乡建设部课题三项；获得沈阳建筑大学优秀毕业设计；荣获其他校级竞赛奖励 2 次、院级二等奖学金 2 次、院级三等奖学金 4 次；发表第一作者论文 1 篇、第二作者论文 2 篇、第三作者论文 2 篇。

采访者：您对学校的印象是什么？或者说您对北建大规划专业的画像是什么？

受访者： 北建大是一所立足于北京、服务于全国的一流建筑类高校。作为一流建筑类高校里的王牌专业，北建大规划专业不论是助力于北京首都的发展，还是服务于全国，都取得了辉煌的成绩。随着学校领导和规划专业师生的不断积极探索，开拓出新的学科教学体制，在规划专业评估和教学、科研成果上均取得了飞速的成长，我相信学校会越来越好。

采访者：在您看来北建大城乡规划专业相对于其他院校的特色和优势有哪些？

受访者： 首先从城乡规划专业的整体发展趋势来看，主要分为建筑学背景的规划类专业和人文学背景的规划类专业，而北建大的规划专业主要是脱胎于建筑设计。我觉得北建大规划专业最大的优势就是学校位于北京，无论是雄厚的师资资源，还是学校周围大的设计院的一些实习机会，都具有其他院校不可比拟的优势。而且，学校在历史保护研究方面也有独特的优势。同时，学校近几年举办的全国乡村规划设计竞赛，也取得了不错的成绩，提高了自身在行业内的知名度。

采访者：您当时选择到北建大城乡规划专业学习深造，是出于什么样的考虑？

受访者： 因为我本科就读于沈阳建筑大学，所以对于北京建筑大学这种专业性很强的学校是很有好感的。同时由于北京建筑大学在北京，也是出于想来北京学习的目的，进入了北建大继续进行深造。

采访者：您在学习期间对于对自己未来的发展规划与工作现实之间的关联度如何？其中有什么经验和教训与我们分享吗？

受访者： 有一句话叫"做人要立长志，不要常立志"。作为一个已经毕业的学长，想对学弟学妹说的是，一定要在读研的前期就明确自己未来的发展方向，可能不会有一个特别明确的目标，但一定要有一个前进的方向。从规划专业未来的就业来说，主要有"三个半"方向：一个方向是去设计院，一个方向是去地产公司，还有一个方向就是去考公务员；另外半个，就是继续深造读博。如果在研一期间就明白自己要选择什么样的发展方向，当然是最好的，但是其实绝大多数同学是不能明确自己未来的职业规划。所以建议大家在研二期间，如果没有明确目标的话，可以分别去设计院、地产公司实习，多看一看，亲身感受后，也能更好地明确自己未来的发展方向。

采访者：北建大城乡规划专业的学习经历给您的深刻影响在哪里？收获有哪些？

受访者：在北京建筑大学学习的三年时光是我人生中的一个蜕变。在这段学习的期间里，我在学业方面取得了一定的长进，并明确了自己未来的职业发展方向。在这里要感谢我的导师张忠国教授，他不仅在学习上给了我很多帮助，在生活上也对我无微不至，平时也非常细心、温柔。学校的领导和其他各位老师也让我感受到了温暖。

采访者：您在专业学习期间，自己日常会面临的主要问题有哪些？其中最具有挑战性的部分是什么？

受访者：在专业学习期间，我觉得日常面临的主要问题就是时间分配。其实我觉得大多数的学弟学妹们也都会面临着这个问题。因为在读研究生的三年里，如果你想能有一定的进步，需要充分利用自己的时间，而研究生的时间绝大多数是自己要掌控的。从个人来说，我要完成导师布置的一些任务，完成自己的论文写作，还要出去实习，同时自己又有一些校外兼职经历，在这些活动中，怎么去有效分配时间、怎么样去有效完成是一个重要的挑战。

采访者：在您看来，北建大规划专业的学生如何更好地利用和发挥学校的地缘优势？

受访者：既然要讨论如何更好地利用和发挥学校的地缘优势，那么我们要首先明确学校的地缘优势是什么，当然就是我们立足于北京、服务于全国。我们学校距离中建院步行只有五分钟的距离，距离中规院步行只有十分钟的距离，同时还紧靠着住房和城乡建设部，这些都为我们提供了非常好的实习平台和学习的机会。在研一的时候，大家可以完成学校布置的课程，跟着导师做项目或写论文，在研二的时候要积极利用学校的优势提高自己。

采访者：您对城乡规划专业的新生以及在校学生有什么建议？对即将毕业的学生就业有何建议？

受访者：我觉得可以分为研一、研二、研三，三个部分来进行探讨。在研一的时候呢，大多数同学的主要任务还是完成学校布置的课程任务，但是其实如果大家有时间的话，可以积极参与导师的科研项目，也可以完成自己的小论文写作。在研二的时候，一定要完成自己的小论文写作，还要多去校外实习。这样的话，未来找工作会有一个明确的目标和方向。对于即将毕业的学弟学妹们，因为他们现在正处在一个找工作的关键时期，不仅仅是面临着找工作的压力，同时也面临着自己大论文的压力，但是只要大家肯努力，相信自己，一次一次修改论文，一次一次找工作碰壁，不忘初心，最后都会实现自己理想的目标。同时，实习和小论文写作，一定不要偷懒，因为如果你在很早的时候就完成你的小论文写作，你就会有充分的时间去协调大论文和找工作之间的冲突。

采访者： 您对规划行业或者规划专业的未来发展如何看待？

受访者： 对规划行业或规划专业的未来，这是一个很大的命题。我刚刚步入社会，也在学习中。简单来说，我觉得未来的规划可能一部分更偏重设计，一部分更偏重国土这种宏观的规划。

采访者： 在您看来，设计院或者社会对于规划专业人才的需求，以及对毕业研究生有哪些要求？

受访者： 我觉得规划行业对人才需求包含很多方面的，不单单是大家在本科和研究生期间所学的专业能力，还有逻辑思维能力、学习能力都是非常重要的。因为其实在我们学习阶段所学的知识可能是未来的一小部分，随着时代的发展，还会不断地出现新的理念、新的技术，这都需要我们保持充分的学习状态和能力，不断进步。

采访者： 您对学弟学妹还有什么其他的建议和提示？

受访者： 我把我的座右铭——仰望星空和脚踏实地送给学弟学妹。最后，也希望学弟学妹们发挥北建大精神，不断进取，在学习上、工作上都取得骄人的成绩。

李文生

采访日期：2021 年 11 月 12 日
受 访 者：李文生（以下称受访者）
采 访 者：杨梅子（以下称采访者）

个人简介：李文生，男，北京建筑大学建筑与城市规划学院 2020 级博士研究生，研究方向为
传统村落保护与发展、历史城市保护与更新，2020 级研究生新生校长奖学金获得者，发表多篇
学术期刊论文，参与十余项国家、省（部）、市、校级科研课题，参与多项城市更新、既有建
筑改造实践。

采访者：请谈谈您工作或者学习以来的心得、主要研究的领域还有主要的工作成绩。

受访者： 那我就谈一谈我硕士期间做的几个项目。其实我在读研一的时候就开始接触项目，这几个项目也是在导师的指导下做的，主要是关于城市更新和旧建筑的改造。其中有一个项目做的是安徽省委党校食堂片区的改造。我全程参与，包括方案设计、招标投标、施工、竣工、验收等全部的环节。我有一些感受和体会。第一，这是我第一个主要负责的项目。其实这个项目跟我当时的研究方向还是很契合的，第一次做，所以压力也比较大。在项目中学会了怎么样去统筹、安排项目的整体推进。第二，就是专业方面的问题。因为既有建筑的改扩建项目跟新建建筑其实差别很大，在专业方面就需要建筑学专业的人带头，跟结构专业的人配合，因为涉及一些结构加固还有改扩建的项目，所以怎样去配合结构、水暖、电、环境、景观这些专业的项目负责人，怎样去统筹专业问题、技术环节很关键。第三点就是怎样跟业主打交道。因为我们的业主是安徽省委党校，跟一般的业主还不太一样。结合他们最切实的需求去做了几轮的改造方案。虽然，做一个项目周期拖得时间太长，就会出现一些不在控制范围之内的问题。虽然跟最初的设计成果有些许偏差，但确实也是最终得到了业主方的认可，这是最让人欣慰的事情。

采访者：请您谈一谈北建大怎么能更好地发挥其地缘优势呢？

受访者： 北京建筑在遗产保护方面缺少一个突破口，无论是官式建筑，还是传统建筑，其实均缺乏一个深入的、理论方面的突破。学校有高精尖未来城市设计中心，是一个优势。我们学校立足于西城，怎么样跟西城的文物保护、城市更新、历史城市保护发展，还有包括首都核心区规划紧密结合，值得我们深思。

采访者：您当时选择北建大城乡规划专业是出于什么考虑？

受访者： 最大的一个因素就是导师。第二个是因为在北京，区位优势明显。第三个就是建筑遗产保护，北京这方面做得还可以。而且平台不一样，北建大的发展是很快的。

采访者：您对还未毕业的学生有什么建议？

受访者： 不管是本科生、硕士生，其实都要认清自己、找准定位，要明白自己适合干什么、喜欢干什么。因为每个人的性格不同，专业学习的兴趣不同，对专业的领悟也不同。有的人喜欢做设计，有些人可能喜欢做施工图，要找出自己感兴趣的点。

采访者：您在学习期间会不会有什么迷茫？怎样面对？会有哪些挑战？

受访者：最大的一个挑战就是找准研究的方向。再一个就是论文写不出来是很大的问题。因为现在业界、学术界对论文的要求越来越高，发表论文的周期也很长，但是学校要求的论文篇数也挺多的，导致写论文的压力非常大，这是第二个困惑。所以说时间安排上面一定要以文献的研读为主，包括经典书籍的阅读，这个要占很大一部分时间。还要多跟导师沟通，多跟其他博士沟通，多跟外校的博士沟通，多听一些国际的、国内的前沿学术会议，了解最新的动态。再就是要有坚强的内心。

单 超

采访日期：2021 年 11 月 27 日
受 访 者：单超（以下称受访者）
采 访 者：王韵淇（以下称采访者）

个人简介：单超，女，北京建筑大学 2016 级建筑遗产保护理论博士研究生，师从刘临安教授。
主要从事全国重点文物保护单位的保护规划调研和编制、世界遗产保护理论研究等工作。

采访者：您对学校的印象是什么？或者说您对北建大规划专业的画像是什么？

受访者：可以说北建大培养了我，让我真正成为一个对社会有用的人，我对北建大有很深的感情。对规划专业的印象就是老师们都很认真负责，而且具有极强的人格魅力和亲切感，让我在学校念书期间学到了很多。

采访者：在您看来北建大规划专业相对于其他院校的特色和优势有哪些？

受访者：我对其他学校的规划专业了解不多，咱们学校的特色和优势大概有以下几点：一是学校是五年制教学，跟建筑学的本科一样，这样安排，可以让学生有更多的实践学习的机会；二是在课程设计方面，一年级是跟建筑学一样的基础课，从二年级开始是城乡规划本专业的课程，这样的安排既培养了学生的基本制图能力，又对自己本专业的学习有更好的认识；三是学生有很多参观学习和实习的机会，这样既有利于学生对自身专业的认知，也有利于培养学生对专业的热爱。

采访者：您当时选择到北京建筑大学学习深造，是出于什么样的考虑？

受访者：我当时是考研调剂来的北建大，也算是机缘巧合了。在几个调剂的学校当中，坚定地选择了北建大，因为我比较看重几点：一是专业排名，二是地缘优势，三是师资力量。

采访者：北建大学习工作的经历带给您比较大的影响是什么？

受访者：最大的影响是北建大给了我第一次站上讲台的机会，让我为毕业以后成为一名高校老师奠定了一定基础，也让我对如何引导新生热爱自己的专业、帮助他们实现从高中到大学生活方式的转变有了初步的了解，也从优秀的前辈导师身上学到了很多在授课过程中的技巧和表达。

采访者：您在学习期间对于对自己未来的发展规划与工作现实之间的关联度如何？其中有什么经验和教训与我们分享吗？

受访者：大概是从本科开始，我对未来的职业规划就是成为一名高校老师，这个理想最终也变成现实，我也要感谢北建大，是北建大培养了我，成为一名博士，然后才能顺利入职。在这个过程中，最大的经验就是，一定要抱定目标，坚持自己的理想信念，哪怕是在做论文最痛苦、最黑暗的时刻，也要坚信胜利和光明就在前方。只要有一个坚定的信念，就可以无往而不利，就可以咬定青山不放松，就可以继续拼下去。

采访者：在专业学习过程中，师生的关系如何？

受访者： 在专业学习的过程中，可以说师生关系非常融洽，我跟大部分老师，都保持了很好的朋友关系，甚至老师们跟我戏言："从前是师生，现在是同事了"。很开心，希望可以继续向优秀的前辈们学习！也欢迎老师们常来指导工作。

采访者：在北建大的学习经历给您的深刻影响在哪里？收获有哪些？

受访者： 老师们饱读诗书，他（她）们对专业的高度认可和热爱都深深影响了我，为我打开了视野，在对本专业的学习过程中，我也常去旁听其他专业的课程，了解不同专业的研究方法和思路，每次都能发现很多有趣的想法，扩展了自己的思维深度和思考广度。

采访者：在您的专业学习过程中，您是否有过迷茫、困惑或者开心与乐趣？迷茫和困惑的解决方案是什么？

受访者： 有啊！生活怎么能是一成不变呢，常常会有各种情绪相伴，最开心的莫过于答辩顺利通过。最迷茫或者困惑的时候，就是有的时候会思考自己为什么要读研读博，感觉前途渺茫。这个时候，对我来说最好的解决方案就是跟导师聊天，跟优秀的前辈们谈心，会从他们身上汲取力量，会让自己勇敢面对，回想自己的初心，重新坚定信念，然后开启新一轮的努力。

采访者：您在专业学习期间，自己日常会面临主要问题有哪些？其中最具有挑战性的部分是什么？

受访者： 我总觉得自己的写作逻辑不好，每次都很纠结，所以最大的挑战还是对论文框架的梳理和逻辑的构建。还有会担心自己看的书不够，现在也是偶尔会觉得以前念书的时候能再多读些书就好了。我喜欢看书，这也是在北建大学习的过程中养成的习惯，我觉得很好。看书和思考同步进行，是一个可以让自己的脑子转起来的好习惯。

采访者：北建大规划专业的学生应如何更好地利用和发挥学校的地缘优势？

受访者： 在这一点上，我特别特别羡慕北建大的学生，因为那么多好的学校和资源都在身边。我当年读书的时候，最喜欢做的一件事情就是跑去清华大学和北京大学听课，听院士讲堂，看那些教科书里的人在讲台上侃侃而谈，这对一个学生的眼界和格局能产生深远影响。还有，在北京有更多的机会可以去看展览、听讲座、实地调研项目，这种体验都是其他地方的学生可望而不可即的。

采访者：您对城乡规划专业的新生以及在校学生有什么建议？

受访者：广阔天地，大有作为！我们正在经历百年未有之大变局，我们这个专业可以在城市发展中发挥巨大作用！所以，一定要珍惜在学校的时光，多读书、多看，多跟着老师学习知识，把知识体系打牢、夯实。要有远大的理想信念，为祖国建设作出贡献。

采访者：您对规划行业或者规划专业的未来发展如何看待？

受访者：城市的发展离不开城市规划，只有经过科学的规划，才能实现可持续发展。所以，规划行业和专业的未来发展还是十分有前景的。

采访者：您对学弟学妹还有什么其他的建议和提示？

受访者：珍惜在学校读书的时间，珍惜老师们的谆谆教诲和苦口婆心，多读书、读好书。

第三部分

北京建筑大学在校学生采访

孙予超

采访日期：2021 年 12 月 3 日
受 访 者：孙予超（以下称受访者）
采 访 者：沈洋（以下称采访者）

个人简介：孙予超，男，1996 年出生，2014 年进入北京建筑大学风景园林专业进行本科学习，现就读于城乡规划专业研究生二年级。

采访者：您对学校的印象是什么？或者说您对北建大规划专业的画像是什么？

受访者：北建大在我的印象里是专业性极强的建筑类高校，而规划专业作为北建大的重点专业有较好的教学资源，师资力量雄厚且课程体系完备，这是规划专业20年来得以长期向好发展的强有力支撑，我认为北建大城乡规划专业是学子们实现为城乡缔造美好蓝图梦想的起源地。

采访者：在您看来北建大规划专业相对于其他院校的特色和优势有哪些？

受访者：北建大是北京地区唯一一所建筑类高等学校，这说明学校建筑类专业的实力非常强，一院五专业（建筑学、城乡规划、风景园林、历史建筑保护、设计学）的设置囊括了与城市人居环境相关的优质专业方向，在课程体系设置上不同专业会有交叉，学生们私下的互动交流丰富拓展了彼此对于相关专业领域的眼界。同时北建大地处首都，课程的教学和认知环节脱离不开北京的规划建设，为学生们提供了最具价值的规划范例，学校还聘请各大知名设计单位的知名领域专家作为外校教师提供课程指导，使得北建大规划专业具有无可比拟的教学优势。

采访者：您当时选择到北京建筑大学学习，是出于什么样的考虑？

受访者：北建大不仅是北京地区唯一一所建筑类高校，还是华北地区唯一一所通过住房和城乡建设部全部专业评估的高校，也是国内唯一一所具备建筑遗产保护领域的本科、硕士、博士、博士后一体化培养体系的高校，因此北京建筑大学在首都建筑领域具有较高的影响力且具有很好的专业发展潜力，我作为北京本地生源又想学习建筑类专业自然会十分向往到北建大学习深造。

采访者：在北建大的学习经历带给您比较大的影响是什么？

受访者：大学给我带来的改变有很多很多，首先是专业知识面拓宽了，通过专业书籍学习以及社会实践，丰富了人生阅历；其次社会实践水平提高了，通过大量的课外作业及专业实习提升了自己的专业技术水平。最为重要的一点，就是在大学中锻炼了人际交往能力，在与不同的同学、老师的交往过程中，不断提升自己的交往能力，还提高了情商。

采访者：您以后的个人发展规划是怎样的？北建大对您以后的个人发展规划有什么影响吗？

受访者：毕业时我会首先努力尝试考取公务员，成为规划管理人员。在专业学习期间因为学校的平台很大，可以接触了解专业相关的各种就职方向，比如专业规划设计机构、管理机构、研究机构等，这对于尽早确定今后的就业目标十分有利。

采访者：在北建大的学习经历给您的深刻影响在哪里？收获有哪些？有什么可以分享的经验吗？

受访者：大学的学习给我的最大收获是自律能力的提升，大学是精彩地度过还是荒废度日，完全取决于自己。大学的课程是引导式的，有别于知识灌输，更多的是开阔眼界，因此每一年级知识技能层次的提升都是自我学习、实践的结果。所以通过五年本科的学习，我在本科毕业时顺利考上了研究生。我认为要学会合理地分配自己的时间，同时要严格约束自己，这样一定有助于进步。

采访者：您在学习期间，日常会面临哪些主要问题？其中最具有挑战性的部分是什么？

受访者：在学习期间我面临的最具挑战的问题就是专业技能的摸索。大学最大的特征之一就是老师提供的不是教学而是更偏重于启发、指导，老师会告诉你这么做不对、不好，却往往不会告诉你该如何做。而对于作业的完善需要我更多地把时间花费在课后，自学软件来展示、表达自己的想法和成果。探索的过程很容易感到迷茫和痛苦，但更能体现一个人的能力。

采访者：您认为北建大规划专业的学生应如何更好地利用和发挥学校的地缘优势？

受访者：地处北京，周边各大设计院云集是北建大最大的地缘优势，北建大西城校区实际上校园比较小，所以建议西城校区的学子们若有机会多去校外进行实践实习活动，不要把西城校区当做学校，要把首都核心区乃至北京当做是自己的校园。

采访者：您对规划行业或者规划专业的未来发展如何看待？

受访者：城乡规划作为一个相对偏小众的学科，本不会有太多人熟知，但 2021 年高考大数据显示，城乡规划作为最热专业，跃居排名前列，一度登上热搜，这给了我们极大的信心。当今中国正处于城乡发展的转型期，更加离不开规划人才，规划行业在机构设置和工作体系等方面也正在经历重大变革和全新探索，城乡规划学科也正在与计算机等学科交叉发展，这些转型、变革都为本专业提供了更为广阔的发展前景。

张云飞

采访日期：2021 年 12 月 2 日

受 访 者：张云飞（以下称受访者）

采 访 者：沈洋（以下称采访者）

个人简介：张云飞，男，1994 年出生，本科毕业于四川大学城乡规划专业，北京建筑大学 2019 级城乡规划专业硕士研究生。

采访者：您对学校的印象是什么？或者说您对北建大规划专业的画像是什么？

受访者：北建大的城乡规划专业是学校传统王牌专业，培养模式很好，能针对当前中国规划大背景需要，培养出专业的规划人才。

采访者：在您看来北建大规划专业相对于其他院校的特色和优势有哪些？

受访者：主要是地域优势，有北京这个良好的平台，背靠首都经济圈，周边也有顶尖的规划单位，能让学生有开阔的视野和过硬的能力。

采访者：您当时选择到北京建筑大学学习，是出于什么样的考虑？

受访者：主要是希望能借助学校接触到北京的规划圈，希望能有良好的平台。

采访者：在北京建筑大学期间的学习经历带给您比较大的影响是什么？

受访者：让我有了更加自主的学习能力，让我能独当一面，同时接触到各类规划大咖开阔了我的规划视野，吸取百家所长。

采访者：您以后的个人发展规划是怎样的？北建大对您以后的个人发展规划有什么影响吗？

受访者：我主要是想去好的设计院工作，并且在好的设计院更上一层楼，北建大磨砺了我的性子，让我能够吃苦耐劳。

采访者：在北京建筑大学的学习经历给您的深刻影响在哪里？收获有哪些？有什么可以分享的经验吗？

受访者：最深刻的就是自己带领组员自主学习从未接触过的知识点，收获就是通过这种方式提升了我的学习能力，克服了懒惰的缺点。经验就是认准目标，然后朝着一个方向努力。

采访者：您在学习期间，自己日常会面临主要问题有哪些？其中最具有挑战性的部分是什么？

受访者：最大的问题就是学习和项目交织在一起，出现时间协调的问题。最具挑战的就是一天可能开两三个会，还得上课，要学着平衡、协调课程、学术和项目。

采访者：您认为北建大规划专业的学生如何更好地利用和发挥学校的地缘优势？

受访者：要积极参与各类学术活动，同时也要去到大院实习，看看别人在专业上的表现和在工作中的能力是怎样的，多在现实中学习。

采访者：您对规划行业或者规划专业的未来发展如何看待？

受访者：规划行业未来还是很有前景的，但是要紧跟国家政策，向着高质量发展。

采访者：国家和社会对于规划专业人才的需求，以及对正在学习城市规划相关专业的学生有哪些要求？

受访者：以后的规划需要的不是画图匠，而是在有过硬本领的基础上，要有更综合的知识面、更高的国际视野，毕竟我国已经慢慢走到了国际舞台的中央。

第四部分

城乡规划专业2021级硕士研究生采访感想

王韵淇

　　借着城市规划理论专题这门必修课，我与同学们有幸在这次采访活动中接触到了非常多我校优秀的教师以及校友前辈，在一次次的采访中，不仅增长了见识，开阔了视野，更在他们身上看到了许多值得我们学习的优秀品质。

　　我印象最深的是对我的导师孙立老师的采访，通过听他讲述在规划系工作 20 年的经历，我深切地体会到了我校的规划专业以及整个学校是如何一步步发展壮大的，并且领会到了"不忘初心"这 4 个字在我们每个人的一生中是多么重要。对于我个人而言，北京建筑大学是我已经相处了 5 年并将继续为我提供学习环境的家园，在接下来读研究生的三年时间里，我会更好地发扬长处，充分利用学校的地缘优势，进一步提升自己的设计水平、学术水平，与学校、学院、规划学科一起进步，成为更好的自己。

路羡乔

　　我很荣幸参与了学院组织的校友采访活动，并对两位校友进行了采访。在这次采访活动中，我收获了很多，同时也有很多的感触。我学会了如何和陌生人拉近距离，学会了如何鼓励自己更好地完成计划，我一定要将这次学到的东西运用到以后的学习、工作中去。而且我对于自己所学的管理专业以及个人发展的前景也有了一些明确的认识，有了学长的指点，对于以后的路我也有了一些自己的方向。对于我而言，学长、学姐取得的骄人成绩是我的榜样，也是我今后奋斗的方向，我想我今后会更加努力学习，认真实践，积极做好准备，端正态度努力成为一个有用的人，一个具备相当素质能力的人，一个具有黄牛精神勤勤恳恳的人，一个热爱本职工作和学习的人！

郑 毅

　　在北京建筑大学城乡规划专业成立 20 周年之际，我怀着一颗激动的心情采访了在北京北建大城市规划设计研究院工作的两位前辈，听了他们的一番话，深深觉得城乡规划专业是一个可以提升自我能力的专业，不仅要严于律己，还要学会与甲方沟通，推动项目的进展。

　　一个敬业的规划师，不仅体现在专业能力方面，要做出能够落地的设计，还体现在与他人沟通等方面，要讲究沟通的艺术，要与甲方共同推进项目的进展。

　　坚守规划师的原则，做个有理想、有抱负、有社会责任感的规划师，积极展望未来，努力且认真地做好自己。不仅如此，我们还要学习好专业知识，为日后的工作做好准备，以便于在激烈的竞争中获得一席之地，实现更美好的人生。

原 琳

在北京建筑大学城乡规划专业办学 20 周年教师访谈中，十分荣幸负责采访了其中三位教师，我的采访对象是城乡规划专业两位年轻有为的教师以及一位在建筑学院执教多年的马克思学院思政课教师，老师们对于此次采访都表示了十足的支持，态度都十分亲切，在采访的过程中，结合我的自身体会，有许多深切感受。其中很重要的就是关于北建大城乡规划专业的优势，是交叉学科，一个项目有各个学院的师生参与其中，研究视野和操作能力都相较于单一专业研究团队有了较大改善，这是一个了不起的优势，北建大城乡规划专业也正如我们所预想的那样快速可喜地蓬勃发展着，作为一名学生，我也衷心期待通过师生共同努力，学科和学校会有更好的未来。

赵 旭

通过对老师和优秀校友的采访，使我收获颇丰。

首先北建大的各位老师都是十分优秀的，能够跟着优秀的老师进行学习也使我感到十分荣幸，老师们介绍了自己在北建大的工作经历和心得，对北建大规划专业的未来发展进行了展望，并且对同学们也都给予了殷切期望。同时，校友们也对学弟学妹们在校的学习及日后的工作分享了他们的宝贵经验，为我们指明了前进的方向。

对于我个人而言，北建大为我提供了良好的学习环境，跟着导师学习可以接触到很多实际项目，这也为我日后的工作奠定了坚实的基础。老师和校友都告诉了大家应该如何利用好北建大的地缘优势，也提供了一些就业单位的推荐，同时也指明了一些工作单位对毕业生需具备能力的要求，使我进一步明确了未来努力的方向，能够更好地规划自己在北建大学习的三年时间，成为一个我理想中的规划从业者。

李佳萱

借这次采访的机会，我与许多老师及优秀校友有了较为深入的交流，感受到了他们对我们学校及规划专业的深厚感情，也从他们身上学习到了我们专业一脉相承的认真、踏实、勤奋、钻研的精神。

看到优秀的学长学姐们在各自的岗位上发光发热，不由感慨我们专业真的给了学生很好的学习机会与发展平台，自己以后也要更珍惜这样的机会，多用知识充实自己，利用好学校的学习资源，多看多听多思考，要尽早找到自己想要的发展方向，同时保持积极向上的心态与对专业的热爱。

周迦瑜

　　有幸参与了北建大城乡规划专业办学 20 周年的采访活动。在采访之前一直很不安，因为想了很久都不知道要怎样开始着手。但是通过和小组同学们共同讨论研究，我们很顺利地进行了后面的采访。

　　受采访的对象不仅有学校的老师也有一些学长学姐，虽然他们年龄各不相同，从事的职业也不甚相同，对于北建大有着不同的回忆与理解，但是他们的共同点都是对于北建大有着非常浓厚的感情。

　　在采访过程中，我觉得采访前期的准备和信息的收集虽然很重要，但是我们的临场表现同样很重要。就算是面对同样的问题，不同的人采访还是会有不同的风格。采访结束后，我也通过自己的理解与感悟将采访稿进行了整理，修改语言的逻辑，最后合成一篇采访稿。

　　通过这次宝贵的采访，我从一些老师和学长学姐那里也学到了很多未曾了解过的东西，他们给了我很多启发与感悟，这是一次很有意义的采访活动。

吴泽宏

　　通过为期一个月左右的采访，我对学校校史、文化、优秀教师和校友都有了更深刻的认识。

　　首先，我重新认识了北建大。通过采访优秀的学长学姐，我感受到了榜样的力量，他们的行为和精神也时刻激励着我前行。通过采访优秀教师，我更加了解规划学科体系的形成与发展，并对规划行业的未来充满信心。

　　同时，感受榜样的力量后，我更加严格要求自己，希望自己今后更加自律，努力成为优秀的人，实现自己的理想。

吕虎臣

  我很荣幸能够参加此次北京建筑大学城乡规划专业办学 20 周年的访谈活动。在此次采访中，我们接触了学校的几位老教授，城乡规划专业任课的专业老师，已经毕业的优秀学长学姐等。在访谈的过程中，透过老教授们的回忆，我有幸知道了城乡规划专业办学前，学校和学院发生的故事，感到能够在这里念书很幸福。在采访交流的过程中，感受到了规划学科的前瞻性，我们要在学习的过程中，不断提升自己的专业水平，提高社会生活的适应性。学长学姐对我们有很多的寄语，听他们回忆本科或是研究生期间的故事，也不禁联想起自己大学生活发生的点点滴滴，感触颇多。

  感谢受访的老师和同学，非常亲切，能够百忙之中抽出时间，与我们谈心交流。从他们的交流中，看到规划系的发展，从建系到评估、到发展，经过了好几代人的努力，目前，学校又有很多新鲜血液引入，为我们学生提供了不同的教学科目，我们一定会抓住机会，努力在学生期间提高自己。

  最后，祝北京建筑大学城乡规划专业越办越好！

陈尼京

在这次的采访中，我不但对学校的发展历史以及未来的潜力方向有了很多了解，其实更多的是在采访的过程中，对我们专业真正的核心有了更加深入的探讨。虽然我们的专业是城乡规划专业，但是离不开人的需求。可以从宏观到微观去理解城市问题，但是同时也要自上而下地注重人的需求。并且在一些知识的学习上，虽然看一些相关文献以及学术期刊是非常好的学习方式，但是作为城市的规划者，更多时候需要我们从城市本身来学习。从城市本身出发，关注城市问题，才是我们正确的学习方式。尤其在北京这个人流量极高的城市中，各种矛盾问题变得更加凸显。我们需要抓住北建大良好的地缘优势进行专业方面的提升，多出去走，多看一些优秀的城乡规划案例，多关注真正的城乡问题，才是更好地提升专业能力。

康 北

    非常荣幸作为北京建筑大学城市规划专业的研一新生可以加入到城乡规划专业办学 20 周年的采访活动中。一方面是可以有机会向很多前辈、教授、专家以及设计院的领导们吸取经验，对规划学科有更深刻的理解；另一方面是可以与一些热心参与到采访工作中的优秀的学长学姐交流想法，了解到学校的资源、优势以及不足。

    通过采访，我深刻感觉到，城市规划是一个十分综合的学科，同时又责任重大。规划师对一个区域的定位以及空间形态的设计会渗透到日后其产业发展、景观风貌等各个方面，同时对规划师提出更高的要求。

    这次活动之后，在前辈们的指点下，我明确了如何发挥好、利用好学校的优势。一方面，学校周围有中规院、中建院、北京城建、北建大设计院等甲级规划院的环绕，又紧邻住房和城乡建设部，所以在学生时代要多去这些地方实习，将所学的知识和研究的理论和具体项目实践相结合。另一方面，学校地处北京，又和北规院和北京的规划建设有紧密联系，因此要把握住机会，通过北京的责任规划师制度，深入基层，自下而上地了解群众对空间的需求，更好地完成规划师为人民服务的任务。

    这次活动之后，我也更加明确了未来三年的研究的方向。北京建筑大学的规划系的学科基础是建筑学，因此，即使在国土空间规划的浪潮下，工科的空间设计的基础不能丢，仍然要精进设计能力，精进图面表达能力，要在更加严酷的行业竞争中树立旗帜，扎稳阵脚。同时，也要广泛博学，学习地理学、数学、经济学等相关学科，为规划与相关学科交叉融合的研究打好基础，为增加规划的科学性，促进学科新时代的要求下的发展贡献力量。

王 晨

　　自成为北建大的研究生，在这个行业人才的"渊薮"中，我愈发体会到"见贤思齐焉"的重要性。我们不仅要向老师、同学们学习以提升自身能力，还要更多地听取由校园走向社会的行业前辈，以及为学校耕耘数十载的教授们的谆谆教诲，以此开阔思路、拓展视野。

　　在我所采访的老师中，都着重就"行业前沿问题"提出自己的看法。例如，测绘与城市空间信息学院的黄鹤老师表示，测绘学虽然相较城乡规划学来说是更注重实际应用与数据技术的学科，但二者之间仍应该保持较为紧密的联系，便于规划学子在未来工作阶段处理实际问题时有更多科学的数据分析支撑。在现如今的国土空间规划背景下，测绘、地理信息等专业知识也是规划学子应早日学习接触的。

　　对于黄老师所说的国土空间规划等行业前沿问题上，我也是深有体会的。在天津大学建筑设计规划研究总院实习时，我便已经接触国土空间三调的相关落实工作以及基数的用途、地类转换等 GIS 软件操作工作，而我对国土空间的知识仅停留在理论层面，导致这部分工作难以上手，需一边查新规范、新政策文件，一边艰难完成。唯有真正接触到规划前沿、交叉学科等工作时，才发现理论与实际的差别如此之大，基础工作与数据统一、整理、核对如此繁重。我们规划学子应扩宽视野，寻找适合自己的方向，跨专业综合性学习，在夯实专业基础后学习更多新技术、汲取更多新思想，成为行业综合性人才。

王 鹭

  作为一名北建大的研究生，很荣幸能够以学生采访者的身份，为我校城乡规划专业办学 20 周年"系列采访"活动出一份力。从本科到研究生，我已经在北建大学习、生活了 6 年的时间。在这 6 年间，我也作为我校城乡规划专业学科中的一员见证了专业的发展。借由这次难得的活动，我们有了一次与规划一线前沿前辈，博学的学校退休教授，以及各位导师、教师、毕业校友们面对面交流的机会。在这次活动中，我们也因此了解了我校城乡规划专业的发展，并且开阔了规划行业的理解和视野。

  在采访活动进行的过程中，我对我校已退休的冯丽教授的采访内容印象深刻。冯丽教授是我校城乡规划专业创立之初就任教老教师，她从北建大的前身开始，向我们逐步介绍了学校的诞生、学科的建立。使我们了解学校曾经的辉煌经历以及我校城乡规划专业发展的来之不易。同时，冯丽教授还给我们在未来的学习、生活提出了许多宝贵的建议，让我们扩宽视野，夯实专业基础，学习新技术、新知识，成为行业综合性人才。正是一批又一批的师生在学术上孜孜不倦的探索和学习，才有了现在北建大城乡规划专业的蓬勃发展。

刘思宇

　　一直以来，我都在学校以学生的身份生活和学习，虽然每天和老师相处，做着规划相关的作业，但是似乎却从来没有深层次地关注与了解过北建大城乡规划专业建系 20 年来的变化。有幸的是，研一这年，通过对建筑学院不同专业老师的采访，我对规划专业所需要的技能、职责更加了解，也更加确定了自己未来的职业方向。在采访过程中我了解到了城乡规划专业创办 20 年来的点点滴滴，知道了该如何去学好规划这门学科。除此之外，通过对不是建筑、规划相关专业的老师的采访，我了解了其他人眼中的规划专业，也听到了其他专业学习的好方法以及一些来自其他专业老师的中肯的建议，更明白了自己今后应该努力的方向。这次采访让我受益颇多，在此也祝愿我的母校今后的每个 20 年都越来越好！

周 原

城乡规划专业办学 20 周年，作为一名从大一就在北建大城乡规划专业就读的学生来说，城乡规划专业的发展壮大令我自豪。本次的城乡规划专业办学 20 周年活动，是由学生采访城乡规划专业相关的毕业生和老师们，我们组的采访名单中有不少老教授，采访的过程不仅加深了我们对北建大城乡规划专业是如何一步步走来的认识，更对整个规划学科的发展、建设有了更多的了解，对我们未来作为规划师要走的路有了更多的思考。

一次次访谈和交流，就像一场场小型的讲座和沙龙，总结当下，我们在存量更新时代下，规划专业更该发挥自己理性思维的优势，从社会学、生态学等多角度思考问题，利用好规划专业特有的优势。在国土空间一张图的时代，我们要牢牢用好手中的工具，更多接触 GIS 等软件为日后规划专业的发展储备。当今有很多城乡问题亟待解决，这正需要我们专业的人才去研究、解决。

学习城乡规划专业从本科五年到如今研一，获得的是综合能力，对于事情的分解与自身能力资源的灵活运用。希望将来能用自己所学，创造并提升我们的人居环境。

张彩阳

　　借北建大城乡规划专业办学 20 周年之机，有幸和多位教师、校友进行了亲切交流。老教师们将城乡规划专业的发展娓娓叙来，深入浅出地剖析专业特点；青年教师们将一线教学与工作的所思所想进行分享，向我们阐释新时代背景下的专业要点与要求；校友们带来了在校学习和毕业之后的体悟与经验。采访过程中有厚重的历史，亦有蓬勃的朝气，我深受感染与启发。整理采访稿的过程也是一种沉淀与内化，通过对文字的梳理与提炼，加深了对访谈内容的理解。

　　本次采访活动不仅使我对城市规划专业有了新的认识，还使我更加明确自己未来的发展方向。这对于研究生刚刚入学的我而言，收获良多。在未来的学习生涯中，我将朝着目标不断奋进，开阔视野，精益求精，抓住机遇，迎接挑战，提升自我的同时也希望能为规划专业作出自己的贡献。衷心祝愿北建大城乡规划专业越办越好！

姚艺茜

　　通过本次的校友访谈活动，我不仅认识许多北建大的优秀校友，还非常有幸能够有机会和许多我没接触过的北建大的优秀老师们深入交流，在这个过程中我收获颇丰。不仅是对行业、对学科的发展有了一定的新认识，作为规划学子，我还对自身的学习有了一定的感悟，最为深刻的便是以下两点：第一点，"打铁还需自身硬"，不论是对于北建大的城乡规划专业还是对于学生自身，夯实能力是基础，多看、多写、多想、多交流、多总结，此外，学习不应该局限于规划专业本身，我们应该更加注重对交叉学科知识的了解，包括经济、社会、计算机等领域，在学习的过程中注意多学科"兼收并蓄"是非常重要且必要的。第二点，目标定位很重要，正如"取乎其上，得乎其中；取乎其中，得乎其下"的道理，提高自身的视角和眼界是学习中的关键一步，尤其在研究生学习的过程中，更应该把学习的目光放长远，可以有一个大的目标，继而分解出若干小的并且具备一定挑战性的目标，只有先清楚自己想要什么，才能更有动力"撸起袖子加油干"。在整个学习的过程中，不仅要"脚踏实地"，还要"仰望星空"。

王 祎

　　在我校城乡规划专业办学 20 周年之际，我十分荣幸能够参与到如此有意义的活动中。在采访过程中，我看到了处于不同人生阶段、不同身份的北建大规划人的相似特质，他们以朴实无华、勤勤恳恳、坚韧顽强的精神，投身于自己所热爱的规划行业，并为之拼搏奋斗。

　　在与青年教师的访谈中，从简单的基本情况开始，老师们非常认真且严谨地回答我们的问题，侃侃而谈，让我感触颇深，采访之余在专业思考上也收获启发；在与学姐的交谈中，我也越发感受到校友间的情谊，即使素昧平生，也对我们亲切温暖、关怀备至。

　　这次采访活动让我受益良多，我会向校友们多多学习，将宝贵的经验和殷切的希望牢记在心，并落实到行动上，仰望星空，脚踏实地，成为更好的自己，成为更好的建大规划人。

巩彦廷

其实在接下这个任务前，我的心情是紧张的，因为从未有过采访的经验，也不了解采访需要抓住的核心是什么，在采访的过程中采访者需要使采访过程顺利、氛围轻松，我很担心自己做不到这一点。但是最终访谈效果还是很好的，我从中学习到很多东西，了解到北建大在大家心里的印象，体会到了学子对母校的感情，也结识到了许多老师和学长学姐，他们也很友好地为我们未来的工作或者深造提出了宝贵的意见。

在采访之前，我先了解王晶老师、甘振坤老师和王欣雨师姐的基本信息，在取得联系和沟通后，和三位受访者约定好采访模式和时间。

与甘振坤老师交谈的感受像是在喝下午茶，氛围轻松且愉快，在老师的言语中，我感受到老师对母校的感恩之情，对母校怀有坚定的信心，并且老师本人对教师职业怀有满满的热情。在采访王晶老师的过程中，王老师回答每一个问题都是以感性与理性的交织，从专业的视角来考虑，让我们感受到老师对工作充满热情，对专业充满热爱，从老师身上我看到了每一个规划人独具的鲜明品质——坚持与拼搏。

采访结束后，我对采访记录进行了整理，修改了语言逻辑，最后整合成一篇采访稿。从开始准备采访到采访结束，我明白真正要做好一件事需要细心考虑、合理安排，准备要充足，还要做好记录、整理，每一步都要认真完成。我想这也是荣老师要我们做访谈工作的真正原因。

陈一涵

　　本次访谈给我带来的感触是特别激动且忐忑。激动是因为作为一名刚入学的新生，终于有机会向已经离开学校进入社会的前辈取经。而忐忑是不知如何与有着年龄和阅历差异的老师、校友们沟通交流。但是在见到我想要采访的老师与师兄之后，我之前的忐忑与不安都完全消失，他们都十分亲切且热情地向我们传授经验。

　　在与几位老师的交谈中，我认识到作为一名研究生，除了基本的设计能力之外，还要提高自己的写作能力与学术研究能力，同时也要培养自己独立思考的能力，让自己的实践能力在未来从事的任何工作中都能经得起市场和社会的考验。同时，也要注重提出创新点，能把握住或者多争取研究生期间的锻炼机会。其次，在采访校友的过程中，我认识到了一些基本技能的重要性，比如专业知识、设计能力、特殊软件的使用技能等，这些都是日后工作所需。通过这次采访，我对于城乡规划专业未来的前景、不同的就业方向也有了更明确的认识。

　　在这次采访活动中，我也越发感受到师生间、校友间诚挚的情谊与相互的坦诚。优秀校友取得的骄人成绩和老师们的指点就是我们学习、奋斗的方向。

张宇廷

　　本学期我有幸参加了荣老师组织的北建大城乡规划专业办学 20 周年校友访谈，在此次访谈结束后，会将此次访谈内容整理为"北京建筑大学城乡规划专业办学 20 周年"系列纪念出版物，此次访谈既会成为学生们的珍贵经历，也会成为我校办学经验总结的宝贵资料，因此很荣幸能够参加此次校友访谈的活动并为学院贡献自己的一份力量。

　　在我们组长及小组组员的共同协助下，我们总结、搜集、归纳、整理了诸多关于北建大现状以及未来发展的问题，同时对相关资料进行了总结与整理。在这两个月的时间里，我们邀请并采访了多位学校在职或退休教师以及多位知名校友，他们在采访的过程中与我们共同回顾了各自的建大故事，对我校城乡规划专业的现状以及未来发展方向等提出了宝贵的意见与建议。我们作为采访者了解了诸多有趣、有益、有味道的北建大故事，学习了先进的规划经验、吸纳了诸多未来规划理念与发展方向，就此开拓了新的视野。

　　十分感激有此机会与各类学者大咖和行业顶尖人才近距离接触并进行采访，愿为北建大城乡规划专业办学 20 周年尽所能之事，此番经历，受益良多。

张 政

正值我校城乡规划专业办学20周年,有幸对老师和学长进行了相关采访,收获颇丰。

每个阶段我们的身份不同,所需要的技能也有所差别。当我们是学生的时候,我们可能更多的是阅读专业性的论文,和老师作项目,提升自己的一些专业技能;当我们在工作的过程中,我们可能更多地围绕工作和生活,对一些新知识的学习时间可能变少;老师这个职业的适应过程也需要一段时间,需要从学生转换成老师,从被传授知识的那个人变成传授知识的那个人。所以当我们即将进入下一个人生阶段的时候,需要作好规划,提前接触自己即将要面临的环境,防止自己突然进入新生活的不适应。

我们需要时常去看行业的新知识,随着时代的变化,不同时期需要不同的专业技能。如软件层面,以前大家更多地在使用CAD、SU、PS等,现在很多因为数据处理方面的原因,GIS可能更多出现在工作的使用过程中。所以我们需要不停更新自己的"武器库",才不至于落后于行业的进步。

邱怡凯

　　本次采访收获颇多，对我影响最大是当前的就业形式及未来城乡规划专业的就业方向。通过采访我了解到今年的就业形势不太好，很多更优层次高校毕业的同学会和我们一同竞争，导致求职更是难上加难。不同的用人单位有不同的招聘习惯，很多好的国企、央企设计院很看重在校期间学生长时间的实习，如果要应聘这样的单位就要尽早利用寒暑假去实习，获得单位的认可，这样在考试时才能更得心应手；另外现在很多设计院研究院都注重自身的科研创新，对学历的要求也是越来越高，有条件提升学历的话还是要尽可能提升学历，尤其是名校学历，这样在求职就业时更有底气，设计院、政府机关、高校等拿到 offer 把握更大；另外包括设计院、地产公司在内都很注重自身品牌的运营推广，如果不喜欢传统画匠的同学也可以试试建筑类杂志编辑、学会或中心的新媒体运营等等，多方向考虑未来发展方向。

　　目前处于研一的我，要考虑好自己的就业方向，为未来的就业做好充分准备。可以抓住应届这一年的机会，选择好自己理想的方向，比如考公务员的应届毕业生可以选择各地的硕博优秀人才引进，选择国企可以积极参与校招或者寻求直系导师的推荐。

张恒瑞

  在许多人看来，教师是传播知识与文化的使者，以我看来张大玉老师不但是知识渊博的导师更是做人做事的楷模。张老师全部的工作就是为人师表。

  首先，张老师以精益求精的气质感染学生。古人云"亲其师，信其道"我是被张老师的精神气质折服，然后听从其教导。我感受到了比黄金还贵的诚信，比大海还宽广的包容，比太阳还温暖的博爱，比山还高的道德。用自己的言传身教让我感受到乐观的心态和健康的人格。

  其次，张老师以其渊博的知识深深吸引着我。当今社会日新月异，但是张老师始终坚持与时俱进、博览群书，秉持跨学科交流的原则，让他成为城乡规划专业方面的"经师"，也是其他学科的"杂家"。

  最后，张老师对于工作与生活总是投入百倍激情，他满怀热情地对待每一位学生，以激情感染我们，使我们神经兴奋、感情丰富、思维敏捷，从而全心全意地投入每天的学习、生活中。

  总之，张老师在心系学校发展的同时，尽心尽力指引我们进步，引导我们如何做人，点燃我们的快乐，是良师亦是益友。

杨梅子

　　这次我十分有幸参与了和北建大城乡规划专业的访谈活动，这次难得而又珍贵的访谈让我收获颇丰。

　　在和教授、老师们的交流中，我对学校和自己发展的方向有了一个清楚的认知。作为北建大的学生，我们不能忘记我们的本——设计和手绘能力。其次，我们要发挥地缘优势，立足首都，多参与到北京老城以及京津冀的项目实践中去。还有最重要的就是先学会做人，再学会做事，作为北建大的学生要有良好的品德。

　　从与毕业学长的交流中，我们了解到了毕业生找工作的不易，特别是找好工作。我们要有一定的专业能力并要看清行业的发展状况，不能眼高手低。要不断培养自身素养，多了解外面的世界，对自己以后的路有一个明确的规划。尤其是研究生，将来是进入科研领域还是项目领域，要有对自己有清晰的认知。同时要珍惜在学校的时间，多听名人大咖的讲座，丰富自己的知识，尤其要利用好北建大位于北京核心区的优势。

李 硕

　　最大的感想是北建大城乡规划学科的未来发展潜力是无限的。一是北建大城乡规划专业依托建筑学背景，在空间设计上具有很好的基础。不管是在毕业设计还是规划实践层面。二是外部优秀的政策和资源，北建大作为北京唯一一所建筑类院校，也受到高度重视，不管是在参与北京的规划设计项目、科研项目抑或是参与国家级科研课题，均有很大的优势，这是其他地方院校无法比拟的。特别是清华大学对北建大的帮助，使得北建大在科研创新领域也有较大提升。第三是兄弟学院之间的相互协作，促进学科融合，推动科研创新。北建大的建筑和规划学科在与其他学院的交叉方面我认为是无与伦比的，这在建筑类院校或综合性大学里面很少见。第四是北建大近年吸引了诸多优秀青年学者与教师，为规划学科发展提供了强有力的后备力量，丰富诸如地理学、社会学、心理学等相关学科的青年教师的参与。

　　因此，我作为博士研究生，应该充分利用北建大的学科优势、融合优势和机会优势，努力实现创新突破。

孔远一

　　研一上学期通过学习荣玥芳老师的城市规划理论专题课，为我们研究生新生开拓了城乡规划视野，分析了城乡规划学科现有问题，展望了城乡规划学科未来发展前景，使我们研一新生深受启发。每次邀请业内知名学者来校授课，我们学生都能受到新的启示，学习新的理念，并引起我们的无限思考。

　　借助北建大城乡规划专业办学 20 周年契机，同学们有机会采访到不同的专家学者、学长学姐。我们将存在疑惑的问题整理归纳，采访后整理汇编文字稿，成为正式的访谈稿。这些活动提升了同学们的文字能力，加强了我们对城乡规划学科的理解，并进一步提升了我们对本专业的自信心，了解到城乡规划专业拥有悠久的历史发展背景，从而使我们坚信这个专业在未来中国社会经济发展中有能力发挥它自身的价值。

　　感谢荣老师给我们提供这样一个机会，让我们接触到不同的专家学者，有机会与他们直接沟通对话，了解他们求学时的故事，学习他们坚忍不拔的拼搏精神。在未来求学和工作过程中我们也要发扬这种精神，相信未来我校城乡规划专业的发展一定是越来越好的。

李 耀

　　时值北建大城乡规划专业办学 20 周年，我们对校友进行了采访，了解其在北建大的工作、学习和生活情况，收获颇丰。通过各位校友分享的在北建大的学习和生活经历，可以感受到其对北建大的深切热爱，同时大家也都希望母校的城乡规划专业越办越好。校友们也都表示在北建大的学习、生活中学到了很多专业知识，对后来的工作和学习都带来了很大的帮助。与此同时，他们在学习中也遇到了各种问题，比如在最开始时动手能力差、画图能力薄弱，同时带来了找队友困难的问题，为此付出时间加强练习，随着时间投入的增加，手工模型和画图能力都得到了很大提升，也更容易找到队友进行合作。通过校友的学习经历，包括他们在学习中遇到的各种困难以及如何克服困难的过程，都为我们提供了借鉴。同时我也认为城乡规划专业是一个不断发展的专业，知识涵盖范围非常广泛，需要不断进行学习。

沈 洋

　　在北建大城乡规划专业办学 20 周年之际，我对北建大两位在读研究生进行了采访，通过与他们深入的沟通，明白了作为城乡规划专业的学生，应该如何在学习的过程中克服困难，如何找到方法提升自身能力，以及如何利用好北建大的地缘优势和资源优势。

　　今后的规划需要的不是画图匠，而是在有过硬本领的基础上，要有更综合的知识面，更宽阔的国际视野。随着我国综合国力的增强，我们应打开自己的眼界，用更开阔的怀抱去拥抱城乡规划专业。

　　规划行业在机构设置和工作体系等方面也正在经历重大变革和全新探索，城乡规划学科也正在与计算机等学科交叉发展，这些转型、变革都为本专业提供了更为广阔的发展前景。学长们的学习、生活也供给了许多参考，学子，加油！

宋 健

　　在北建大城乡规划专业办学 20 周年之际，参与到校友访谈的工作中甚是荣幸，也略有忐忑，担心刚入规划大门的自己还不能胜任此次工作。抱着学习的心态，采访了三位年龄不同、工作经历不同、所处阶段不同的校友，分别是北建大老教授姜中光先生，江苏省城市规划设计研究院的孙啸松学长，以及在北京东城区规划局工作的徐雪梅学姐。姜老先生虽年过八十，谈及自己的求学与工作仍思路清晰，慷慨激昂，对于不同阶段的专业学习给出了独到的见解与建议。风趣幽默的孙学长，结合自己的设计院备考经历与工作经历，告诉我们要目标明确，不畏险阻。沉着从容的徐学姐更是点出了只有不断学习、敢想敢做的人生态度，才能不断完善自己。感谢此次访谈有幸与三位师长近距离接触，也以此谨记握好手里的接力棒，为更好的城市建设贡献自己的微薄之力。最后祝愿学校城乡规划专业越办越好！

王利成

从开始准备采访到采访结束，我明白到真正要做好一件事，还真不简单。时间要合理安排，准备要充足，还要做好记录、整理，每一步都不能缺少。我想这也是老师要我们做大型作业的真正原因吧，是想让我们明白不亲身经历，成绩是不会出来的。

采访前期的准备和信息收集固然重要，在采访过程中，我们的表现同样很重要。即使是面对同样的问题，不同人采访还是会有不同的风格。而对于我个人而言，我更倾向的是"闲话家常式"的采访，而不喜欢咄咄逼人式的采访。在采访的过程中，我们要一步步引导采访者继续说下去，不要太尖锐，要让采访过程尽量轻松、愉悦。

许卓凡

借助北建大城乡规划专业办学 20 周年活动的契机，通过对两位老师的专题采访，了解到了老一辈建大师生的北建大情怀，以及建筑师、规划师、教师的职业情怀与家国责任。作新一代的年轻规划师需要有国家情怀与社会责任感，要代表社会广大人民群众的利益，在作设计时需要有同理心，明白规划设计最本质的属性是为"人"作设计，设计成果要对使用者充满包容和理解，这即是设计者的人文情怀。

选择职业的道路要遵循自己的兴趣。兴趣是最好的老师，两位老师早期就知道自己的爱好是什么，并不断追寻自己的爱好而成长，最终成为现在我们想要学习的人。

两位老师在求学路上都有着自己不同的棘手问题，也许家庭与工作的矛盾、事业与精力的矛盾导致他们有过一段苦闷时期，但相同的则是奋斗过程中的点点滴滴都让人回忆满满，令其感动，也成为他们求学路上的宝贵回忆。

最后，通过这次采访，我学习到了人生一定要不断阅读，阅读能提高一个人的气质和修养，但是也要懂得自己喜欢什么，研究生阶段所承担的更多是社会价值，能为社会做一些什么，最终成为有利于国家发展的人！

张家伟

在北建大城乡规划专业办学 20 周年之际，通过对三位规划前辈的采访，我对自己所学习的城乡规划专业有了更深刻的认识，同时也被三位不同规划领域的前辈的学识、见解所折服。

城乡规划是一个综合性很强的学科，我们要学习多方面的知识，涉及面一定要广，无论是专业书籍还是其他书籍，都会让我们的灵魂更有厚度，所得到的知识或多或少会从正面或者侧面去给予我们设计灵感或生活等其他方面帮助。所以不要书到用时方恨少，平时要养成良好的读书习惯，定期写读书笔记，将来的你一定会感谢今天的付出。

其次，城乡规划是一个实践性很强的学科，我们不能死学知识，要将知识与实践相结合，只有经过实践才会发现自己哪方面不足，无论是知识、技能还是软件方面，只有真正参与到实践中才会促进知识的吸收与理解。

最后，城乡规划是一个与时俱进的学科，十年前的规划体系与知识放到如今已经有许多不适应了，规划随着国家政策与大方针方向的变化而变化，规划法规也在逐步更新，所以我们一定要有很强的快速学习能力，只有这样才能不被时代所抛弃，与规划学科同进步、同发展。

吴勇江

    白璐学姐毕业于北建大城乡规划专业，已经有很长一段时间的工作实践经历，对于学校的学习和工作中的实践都有很真切的经历。相比于 2015 年的第一次采访，白学姐认为自己认识到很多事情的合理性并能够更成熟、稳重地解决，很重要的就是心态的调整和时间的安排。白学姐建议在校学生一定要利用好充裕的时间去扩充自己，不断积累，与时俱进，更新知识结构，才能更好地适应社会环境。在采访中，感触最深的一句话是"在这个人才济济的时代，更应脚踏实地，切忌好高骛远，眼高手低"。

    作为一直陪伴着北建大城乡规划专业成长的工作者，荣老师十分关心北建大的城乡规划专业的发展和北建大本科及研究生的培养方式，对于北建大的毕业生就业或者深造，荣老师也有着很清晰的了解与判断。作为很早就来到北建大建设城乡规划专业的师资栋梁之一，荣老师一直奋斗在提升北建大规划评估的第一线，对于北建大的各种优势，荣老师有着明确且自信的掌握。在平时的教学工作中，荣老师和学生建立了十分亲切友好的师生关系，并且也能从实践工作者的角度，不局限于课本地为学生们带来更多的知识与应用。对于未来随着学科变化而需要不断更新的教学需求，荣老师强调道："不论是专业知识、技术手段、汇报能力，还是和不同人合作的能力的学习与培养，都是一个不断的更新学习的过程"。

图书在版编目（CIP）数据

见证规划成长：北京建筑大学城乡规划专业办学 20
周年 / 荣玥芳等著 . — 北京：中国建筑工业出版社，
2022.12

ISBN 978-7-112-28288-3

Ⅰ.①见… Ⅱ.①荣… Ⅲ.①北京建筑大学—校史
Ⅳ.① TU-40

中国版本图书馆 CIP 数据核字（2022）第 245856 号

责任编辑：石枫华　兰丽婷　毋婷娴
责任校对：张惠雯

见证规划成长　北京建筑大学城乡规划专业办学 20 周年
荣玥芳◎等　著

*

中国建筑工业出版社出版、发行（北京海淀三里河路 9 号）
各地新华书店、建筑书店经销
北京海视强森文化传媒有限公司制版
北京中科印刷有限公司印刷

*

开本：787 毫米 ×1092 毫米　1/16　印张：19¼　字数：305 千字
2023 年 5 月第一版　2023 年 5 月第一次印刷
定价：**65.00** 元
ISBN 978-7-112-28288-3
　　（40744）